1일 10분 초등 메가 계산력

10권

초등 5학년

자기 주도 학습력을 기르는 1일 10분 공부 습관!

공부가 쉬워지는 힘, 자기 주도 학습력!

자기 주도 학습력은 스스로 학습을 계획하고, 계획한 대로 실행하고, 결과를 평가하는 과정에서 향상됩니다.
이 과정을 매일 반복하여 훈련하다 보면 주체적인 학습이 가능해지며 이는 곧 공부 자신감으로 연결됩니다.

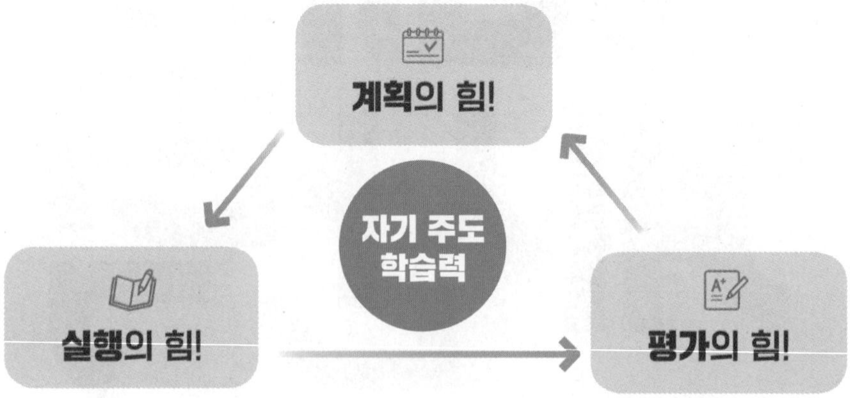

1일 10분 시리즈의 3단계 학습 로드맵

〈1일 10분〉 시리즈는 계획, 실행, 평가하는 3단계 학습 로드맵으로 자기 주도 학습력을 향상시킵니다.
또한 1일 10분씩 꾸준히 학습할 수 있는 **부담 없는 학습량으로 매일매일 공부 습관이 형성**됩니다.

1단계 학습 **계획**하기

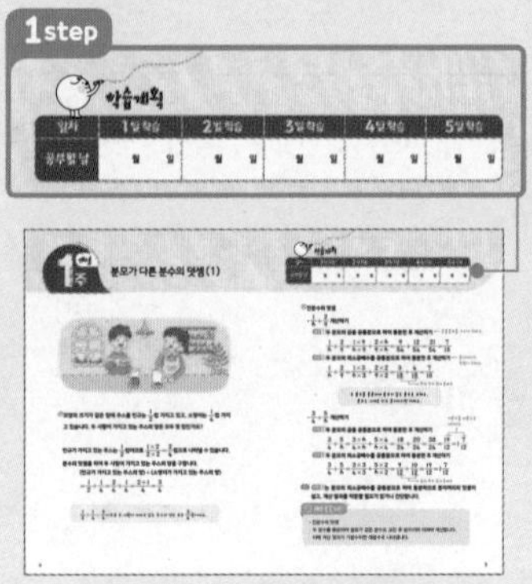

주 단위로 학습 목표를 확인하고 학습할 날짜를 스스로 계획하는 과정에서 자기 주도 학습력이 향상됩니다.

2단계 학습 **실행**하기

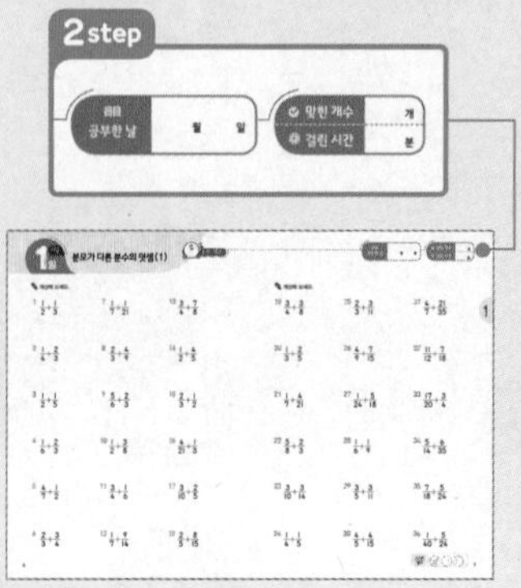

1일 10분 주 5일 매일 일정 분량 학습으로, 초등 학습의 기초를 탄탄하게 잡는 공부 습관이 형성됩니다.

3단계 결과 **평가**하기

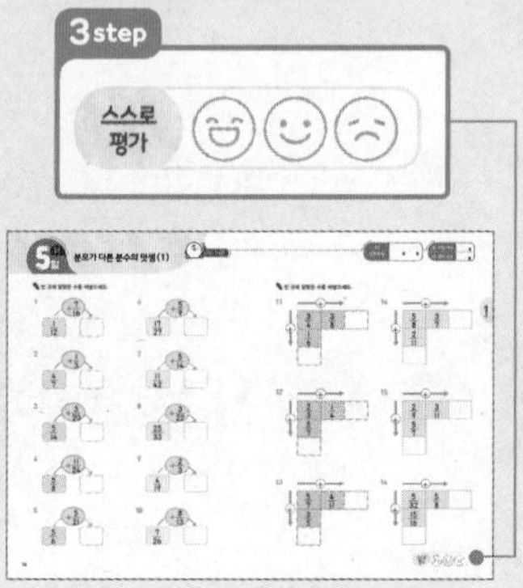

학습을 완료하고 계획대로 실행했는지 스스로 진단하며 성취감과 공부 자신감이 길러집니다.

구성과 특징

1일 10분
초등 메가 계산력

핵심 개념

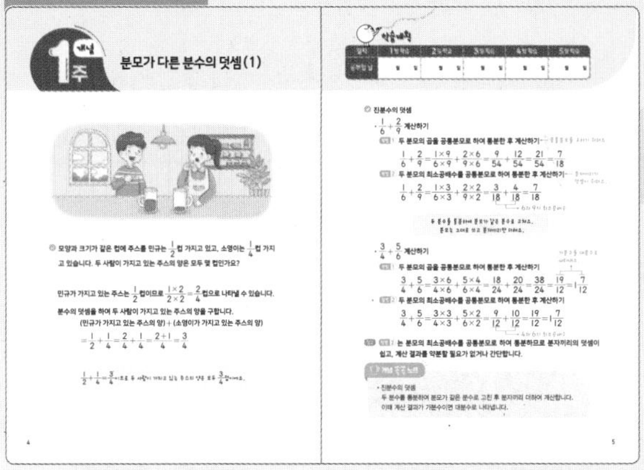

✚ 교과서 개념을 바탕으로 연산 원리를 쉽고 재미있게 이해할 수 있습니다.

연산 연습과 반복

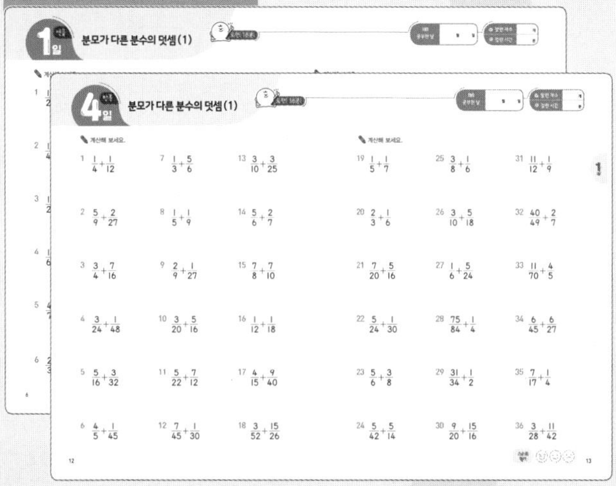

✚ 1일 10분 매일 공부하는 습관으로 연산 실력을 키울 수 있습니다.

연산 응용 학습

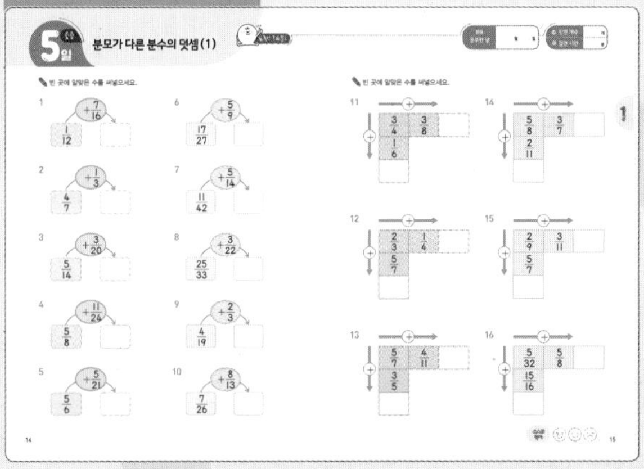

✚ 생각하며 푸는 연산으로 계산 원리를 완벽하게 이해할 수 있습니다.

생각 수학

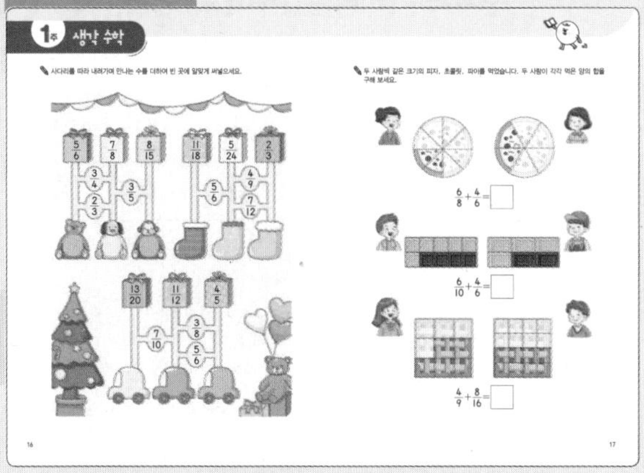

✚ 한 주 동안 공부한 연산을 활용한 문제로 수학적 사고력과 창의력을 키울 수 있습니다.

1주 개념

분모가 다른 분수의 덧셈 (1)

모양과 크기가 같은 컵에 주스를 민규는 $\frac{1}{2}$컵 가지고 있고, 소영이는 $\frac{1}{4}$컵 가지고 있습니다. 두 사람이 가지고 있는 주스의 양은 모두 몇 컵인가요?

민규가 가지고 있는 주스는 $\frac{1}{2}$컵이므로 $\frac{1\times2}{2\times2}=\frac{2}{4}$컵으로 나타낼 수 있습니다.

분수의 덧셈을 하여 두 사람이 가지고 있는 주스의 양을 구합니다.

(민규가 가지고 있는 주스의 양)+(소영이가 가지고 있는 주스의 양)

$$=\frac{1}{2}+\frac{1}{4}=\frac{2}{4}+\frac{1}{4}=\frac{2+1}{4}=\frac{3}{4}$$

$\frac{1}{2}+\frac{1}{4}=\frac{3}{4}$이므로 두 사람이 가지고 있는 주스의 양은 모두 $\frac{3}{4}$컵이에요.

학습계획

일차	1일 학습	2일 학습	3일 학습	4일 학습	5일 학습
공부할 날	월 일	월 일	월 일	월 일	월 일

진분수의 덧셈

• $\frac{1}{6}+\frac{2}{9}$ 계산하기

방법 1 **두 분모의 곱을 공통분모로 하여 통분한 후 계산하기** ← 공통분모를 구하기 쉬워요.

$$\frac{1}{6}+\frac{2}{9}=\frac{1\times9}{6\times9}+\frac{2\times6}{9\times6}=\frac{9}{54}+\frac{12}{54}=\frac{21}{54}=\frac{7}{18}$$

방법 2 **두 분모의 최소공배수를 공통분모로 하여 통분한 후 계산하기** ← 분자끼리의 덧셈이 쉬워요.

$$\frac{1}{6}+\frac{2}{9}=\frac{1\times3}{6\times3}+\frac{2\times2}{9\times2}=\frac{3}{18}+\frac{4}{18}=\frac{7}{18}$$

→ 6과 9의 최소공배수

두 분수를 통분하여 분모가 같은 분수로 고쳐요.
분모는 그대로 쓰고 분자끼리만 더해요.

• $\frac{3}{4}+\frac{5}{6}$ 계산하기

방법 1 **두 분모의 곱을 공통분모로 하여 통분한 후 계산하기**

$$\frac{3}{4}+\frac{5}{6}=\frac{3\times6}{4\times6}+\frac{5\times4}{6\times4}=\frac{18}{24}+\frac{20}{24}=\frac{38}{24}=\frac{19}{12}=1\frac{7}{12}$$

가분수를 대분수로 나타내요.

방법 2 **두 분모의 최소공배수를 공통분모로 하여 통분한 후 계산하기**

$$\frac{3}{4}+\frac{5}{6}=\frac{3\times3}{4\times3}+\frac{5\times2}{6\times2}=\frac{9}{12}+\frac{10}{12}=\frac{19}{12}=1\frac{7}{12}$$

→ 4와 6의 최소공배수

참고 **방법 2 는 분모의 최소공배수를 공통분모로 하여 통분하므로 분자끼리의 덧셈이 쉽고, 계산 결과를 약분할 필요가 없거나 간단합니다.**

개념 쏙쏙 노트

• 진분수의 덧셈
두 분수를 통분하여 분모가 같은 분수로 고친 후 분자끼리 더하여 계산합니다.
이때 계산 결과가 가분수이면 대분수로 나타냅니다.

1일 연습

분모가 다른 분수의 덧셈(1)

계산해 보세요.

1 $\frac{1}{2}+\frac{1}{3}$

2 $\frac{1}{4}+\frac{2}{3}$

3 $\frac{1}{2}+\frac{1}{5}$

4 $\frac{1}{6}+\frac{2}{3}$

5 $\frac{4}{7}+\frac{1}{2}$

6 $\frac{2}{3}+\frac{3}{4}$

7 $\frac{1}{7}+\frac{1}{21}$

8 $\frac{2}{3}+\frac{4}{9}$

9 $\frac{5}{6}+\frac{2}{3}$

10 $\frac{1}{2}+\frac{3}{8}$

11 $\frac{3}{4}+\frac{1}{6}$

12 $\frac{1}{7}+\frac{9}{14}$

13 $\frac{3}{4}+\frac{7}{8}$

14 $\frac{1}{2}+\frac{4}{5}$

15 $\frac{2}{3}+\frac{1}{2}$

16 $\frac{4}{21}+\frac{1}{3}$

17 $\frac{3}{10}+\frac{2}{5}$

18 $\frac{2}{5}+\frac{8}{15}$

계산해 보세요.

19 $\frac{3}{4}+\frac{3}{8}$

20 $\frac{1}{3}+\frac{2}{5}$

21 $\frac{1}{7}+\frac{4}{21}$

22 $\frac{5}{8}+\frac{2}{3}$

23 $\frac{3}{10}+\frac{3}{14}$

24 $\frac{1}{4}+\frac{1}{5}$

25 $\frac{2}{3}+\frac{3}{11}$

26 $\frac{4}{9}+\frac{7}{15}$

27 $\frac{1}{24}+\frac{5}{18}$

28 $\frac{1}{6}+\frac{1}{9}$

29 $\frac{3}{5}+\frac{3}{11}$

30 $\frac{4}{5}+\frac{4}{15}$

31 $\frac{4}{7}+\frac{21}{35}$

32 $\frac{11}{12}+\frac{7}{18}$

33 $\frac{17}{20}+\frac{3}{4}$

34 $\frac{5}{14}+\frac{6}{35}$

35 $\frac{7}{18}+\frac{5}{24}$

36 $\frac{1}{40}+\frac{5}{24}$

스스로 평가

2일 반복

분모가 다른 분수의 덧셈 (1)

계산해 보세요.

1 $\frac{1}{2}+\frac{1}{9}$

2 $\frac{1}{2}+\frac{5}{14}$

3 $\frac{1}{7}+\frac{8}{21}$

4 $\frac{3}{4}+\frac{7}{20}$

5 $\frac{4}{5}+\frac{4}{15}$

6 $\frac{1}{6}+\frac{1}{9}$

7 $\frac{3}{7}+\frac{3}{4}$

8 $\frac{3}{8}+\frac{1}{6}$

9 $\frac{3}{10}+\frac{5}{18}$

10 $\frac{5}{12}+\frac{3}{8}$

11 $\frac{5}{9}+\frac{4}{21}$

12 $\frac{5}{6}+\frac{7}{15}$

13 $\frac{3}{4}+\frac{1}{7}$

14 $\frac{7}{8}+\frac{4}{7}$

15 $\frac{1}{2}+\frac{17}{20}$

16 $\frac{3}{5}+\frac{13}{15}$

17 $\frac{17}{30}+\frac{4}{45}$

18 $\frac{5}{8}+\frac{3}{5}$

계산해 보세요.

19 $\frac{3}{4}+\frac{2}{5}$

20 $\frac{3}{8}+\frac{1}{3}$

21 $\frac{2}{7}+\frac{1}{2}$

22 $\frac{3}{4}+\frac{7}{12}$

23 $\frac{5}{6}+\frac{3}{7}$

24 $\frac{2}{3}+\frac{2}{15}$

25 $\frac{13}{14}+\frac{1}{2}$

26 $\frac{5}{6}+\frac{1}{3}$

27 $\frac{7}{11}+\frac{1}{2}$

28 $\frac{6}{7}+\frac{17}{42}$

29 $\frac{7}{8}+\frac{5}{12}$

30 $\frac{12}{15}+\frac{17}{30}$

31 $\frac{14}{27}+\frac{8}{9}$

32 $\frac{31}{35}+\frac{4}{5}$

33 $\frac{5}{8}+\frac{7}{20}$

34 $\frac{5}{8}+\frac{11}{24}$

35 $\frac{14}{25}+\frac{3}{4}$

36 $\frac{19}{32}+\frac{1}{2}$

스스로 평가

3일 반복

분모가 다른 분수의 덧셈(1)

도전! 16분!

계산해 보세요.

1 $\frac{1}{2}+\frac{3}{8}$

2 $\frac{2}{3}+\frac{1}{6}$

3 $\frac{3}{4}+\frac{2}{15}$

4 $\frac{3}{8}+\frac{7}{18}$

5 $\frac{5}{11}+\frac{4}{33}$

6 $\frac{7}{64}+\frac{3}{32}$

7 $\frac{1}{11}+\frac{5}{6}$

8 $\frac{5}{32}+\frac{3}{4}$

9 $\frac{19}{21}+\frac{3}{4}$

10 $\frac{13}{16}+\frac{5}{7}$

11 $\frac{31}{42}+\frac{9}{14}$

12 $\frac{7}{20}+\frac{1}{12}$

13 $\frac{4}{7}+\frac{1}{42}$

14 $\frac{3}{32}+\frac{1}{24}$

15 $\frac{35}{51}+\frac{9}{17}$

16 $\frac{4}{7}+\frac{3}{11}$

17 $\frac{5}{13}+\frac{1}{26}$

18 $\frac{7}{15}+\frac{4}{25}$

1주

계산해 보세요.

19 $\frac{1}{2}+\frac{3}{7}$

20 $\frac{3}{4}+\frac{2}{9}$

21 $\frac{1}{12}+\frac{1}{4}$

22 $\frac{4}{5}+\frac{7}{12}$

23 $\frac{5}{16}+\frac{7}{24}$

24 $\frac{5}{33}+\frac{7}{11}$

25 $\frac{5}{56}+\frac{3}{28}$

26 $\frac{1}{12}+\frac{5}{48}$

27 $\frac{2}{3}+\frac{5}{6}$

28 $\frac{1}{8}+\frac{3}{44}$

29 $\frac{29}{42}+\frac{13}{14}$

30 $\frac{6}{45}+\frac{7}{27}$

31 $\frac{17}{21}+\frac{2}{3}$

32 $\frac{5}{64}+\frac{3}{4}$

33 $\frac{21}{32}+\frac{1}{2}$

34 $\frac{2}{45}+\frac{4}{27}$

35 $\frac{11}{62}+\frac{9}{31}$

36 $\frac{7}{20}+\frac{1}{12}$

스스로 평가

4일 반복

분모가 다른 분수의 덧셈 (1)

계산해 보세요.

1 $\frac{1}{4}+\frac{1}{12}$

2 $\frac{5}{9}+\frac{2}{27}$

3 $\frac{3}{4}+\frac{7}{16}$

4 $\frac{3}{24}+\frac{1}{48}$

5 $\frac{5}{16}+\frac{3}{32}$

6 $\frac{4}{5}+\frac{1}{45}$

7 $\frac{1}{3}+\frac{5}{6}$

8 $\frac{1}{5}+\frac{1}{9}$

9 $\frac{2}{9}+\frac{1}{27}$

10 $\frac{3}{20}+\frac{5}{16}$

11 $\frac{5}{22}+\frac{7}{12}$

12 $\frac{7}{45}+\frac{1}{30}$

13 $\frac{3}{10}+\frac{3}{25}$

14 $\frac{5}{6}+\frac{2}{7}$

15 $\frac{7}{8}+\frac{7}{10}$

16 $\frac{1}{12}+\frac{1}{18}$

17 $\frac{4}{15}+\frac{9}{40}$

18 $\frac{3}{52}+\frac{15}{26}$

계산해 보세요.

19 $\frac{1}{5}+\frac{1}{7}$

20 $\frac{2}{3}+\frac{1}{6}$

21 $\frac{7}{20}+\frac{5}{16}$

22 $\frac{5}{24}+\frac{1}{30}$

23 $\frac{5}{6}+\frac{3}{8}$

24 $\frac{5}{42}+\frac{5}{14}$

25 $\frac{3}{8}+\frac{1}{6}$

26 $\frac{3}{10}+\frac{5}{18}$

27 $\frac{1}{6}+\frac{5}{24}$

28 $\frac{75}{84}+\frac{1}{4}$

29 $\frac{31}{34}+\frac{1}{2}$

30 $\frac{9}{20}+\frac{15}{16}$

31 $\frac{11}{12}+\frac{1}{9}$

32 $\frac{40}{49}+\frac{2}{7}$

33 $\frac{11}{70}+\frac{4}{5}$

34 $\frac{6}{45}+\frac{6}{27}$

35 $\frac{7}{17}+\frac{1}{4}$

36 $\frac{3}{28}+\frac{11}{42}$

스스로 평가

분모가 다른 분수의 덧셈 (1)

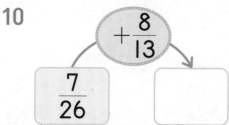

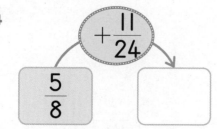

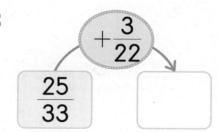

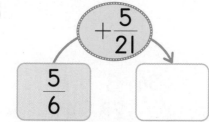

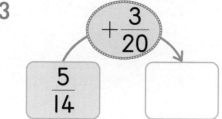

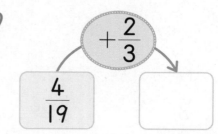

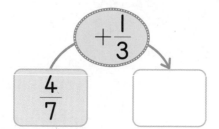

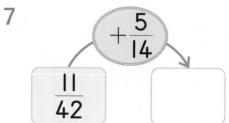

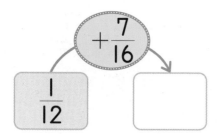

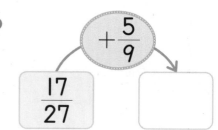

빈 곳에 알맞은 수를 써넣으세요.

1. $\frac{1}{12}$ $\xrightarrow{+\frac{7}{16}}$ ☐

2. $\frac{4}{7}$ $\xrightarrow{+\frac{1}{3}}$ ☐

3. $\frac{5}{14}$ $\xrightarrow{+\frac{3}{20}}$ ☐

4. $\frac{5}{8}$ $\xrightarrow{+\frac{11}{24}}$ ☐

5. $\frac{5}{6}$ $\xrightarrow{+\frac{5}{21}}$ ☐

6. $\frac{17}{27}$ $\xrightarrow{+\frac{5}{9}}$ ☐

7. $\frac{11}{42}$ $\xrightarrow{+\frac{5}{14}}$ ☐

8. $\frac{25}{33}$ $\xrightarrow{+\frac{3}{22}}$ ☐

9. $\frac{4}{19}$ $\xrightarrow{+\frac{2}{3}}$ ☐

10. $\frac{7}{26}$ $\xrightarrow{+\frac{8}{13}}$ ☐

1 주

✎ 빈 곳에 알맞은 수를 써넣으세요.

11 (→ +, ↓ +)

$\frac{3}{4}$	$\frac{3}{8}$	
$\frac{1}{6}$		

12 (→ +, ↓ +)

$\frac{2}{3}$	$\frac{1}{4}$	
$\frac{5}{7}$		

13 (→ +, ↓ +)

$\frac{5}{7}$	$\frac{4}{11}$	
$\frac{3}{5}$		

14 (→ +, ↓ +)

$\frac{5}{8}$	$\frac{3}{7}$	
$\frac{2}{11}$		

15 (→ +, ↓ +)

$\frac{2}{9}$	$\frac{3}{11}$	
$\frac{5}{7}$		

16 (→ +, ↓ +)

$\frac{5}{32}$	$\frac{5}{8}$	
$\frac{15}{16}$		

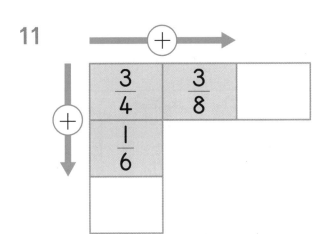

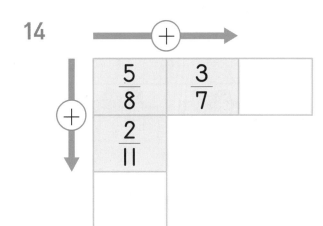

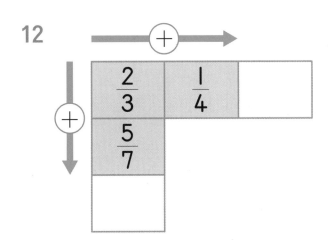

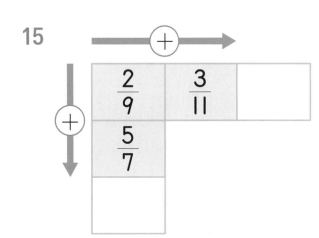

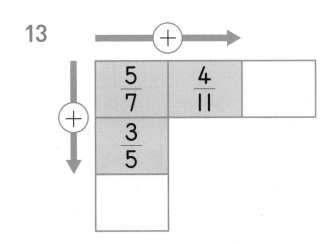

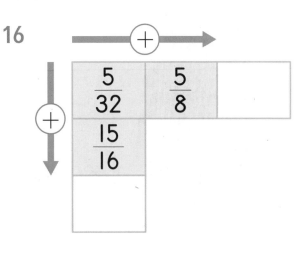

1주 생각 수학

사다리를 따라 내려가며 만나는 수를 더하여 빈 곳에 알맞게 써넣으세요.

✎ 두 사람씩 같은 크기의 피자, 초콜릿, 파이를 먹었습니다. 두 사람이 각각 먹은 양의 합을 구해 보세요.

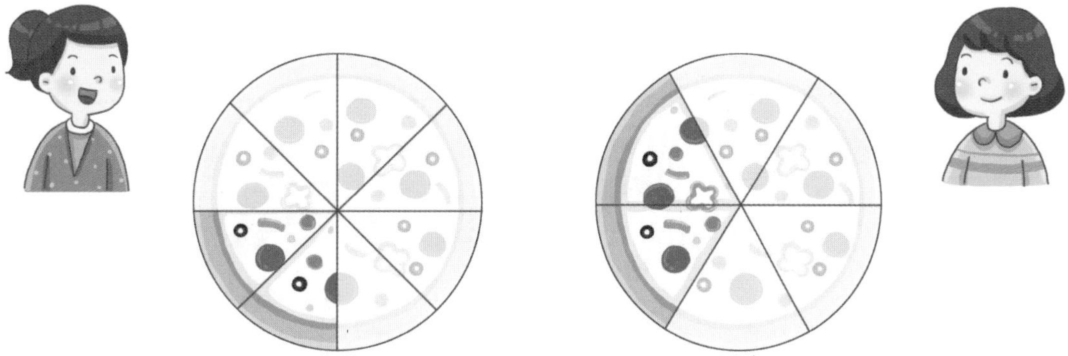

$$\frac{6}{8}+\frac{4}{6}=\square$$

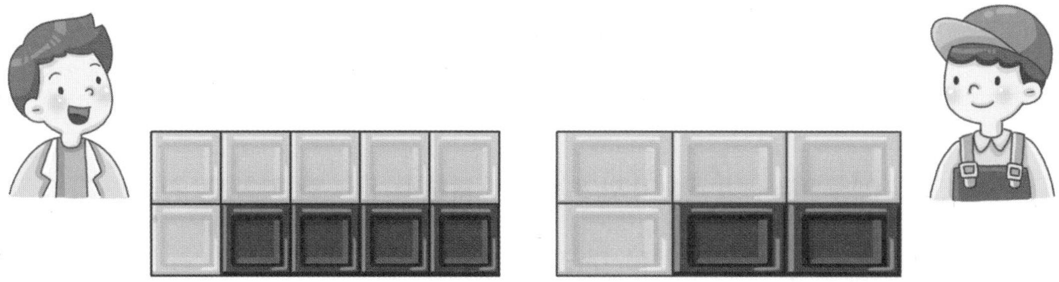

$$\frac{6}{10}+\frac{4}{6}=\square$$

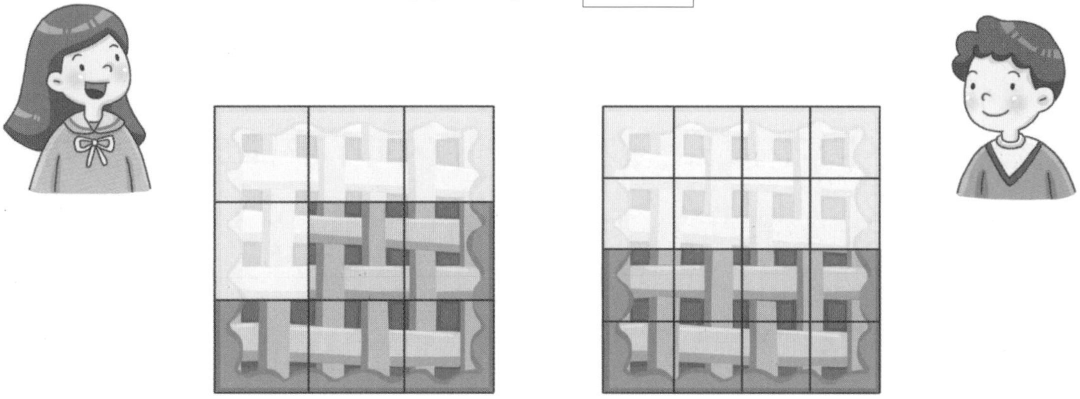

$$\frac{4}{9}+\frac{8}{16}=\square$$

2주 개념

분모가 다른 분수의 덧셈(2)

밀가루를 예준이는 $1\frac{2}{3}$컵 가지고 있고, 서희는 $1\frac{1}{2}$컵 가지고 있습니다. 두 사람이 가지고 있는 밀가루의 양은 모두 몇 컵인가요?

두 사람이 가지고 있는 밀가루의 양을 통분하여 나타냅니다.

예준: $1\frac{2}{3}=1+\frac{2\times2}{3\times2}=1\frac{4}{6}$ **서희:** $1\frac{1}{2}=1+\frac{1\times3}{2\times3}=1\frac{3}{6}$

분수의 덧셈을 하여 두 사람이 가지고 있는 밀가루의 양을 알아봅니다.

(예준이가 가지고 있는 밀가루의 양)+(서희가 가지고 있는 밀가루의 양)

$$=1\frac{2}{3}+1\frac{1}{2}=1\frac{4}{6}+1\frac{3}{6}=(1+1)+\left(\frac{4}{6}+\frac{3}{6}\right)$$

$$=2+\frac{7}{6}=2+1\frac{1}{6}=3\frac{1}{6}$$

$1\frac{2}{3}+1\frac{1}{2}=3\frac{1}{6}$이므로 두 사람이 가지고 있는 밀가루의 양은 모두 $3\frac{1}{6}$컵이에요.

학습계획

일차	1일 학습	2일 학습	3일 학습	4일 학습	5일 학습
공부할 날	월 일	월 일	월 일	월 일	월 일

대분수의 덧셈

• $1\frac{1}{4}+2\frac{2}{5}$ 계산하기

방법 1 자연수는 자연수끼리, 분수는 분수끼리 더해서 계산하기

$$1\frac{1}{4}+2\frac{2}{5}=1\frac{5}{20}+2\frac{8}{20}=(1+2)+\left(\frac{5}{20}+\frac{8}{20}\right)$$

$$=3+\frac{13}{20}=3\frac{13}{20}$$

공통분모를 20으로 하여 통분한 후 분수의 덧셈을 해요.

방법 2 대분수를 가분수로 나타내어 계산하기

$$1\frac{1}{4}+2\frac{2}{5}=\frac{5}{4}+\frac{12}{5}=\frac{25}{20}+\frac{48}{20}=\frac{73}{20}=3\frac{13}{20}$$

• $2\frac{2}{3}+1\frac{4}{5}$ 계산하기

진분수끼리의 합이 가분수이면 대분수로 나타내요.

방법 1 $2\frac{2}{3}+1\frac{4}{5}=2\frac{10}{15}+1\frac{12}{15}=(2+1)+\left(\frac{10}{15}+\frac{12}{15}\right)=3+\frac{22}{15}$

$$=3+1\frac{7}{15}=4\frac{7}{15}$$

방법 2 $2\frac{2}{3}+1\frac{4}{5}=\frac{8}{3}+\frac{9}{5}=\frac{40}{15}+\frac{27}{15}=\frac{67}{15}=4\frac{7}{15}$

개념 쏙쏙 노트

• 대분수의 덧셈

방법 1 자연수는 자연수끼리, 분수는 분수끼리 더해서 계산하기

① 두 분수를 통분합니다.

② 자연수는 자연수끼리, 분수는 분수끼리 더합니다.
진분수끼리의 합이 가분수이면 대분수로 나타냅니다.

방법 2 대분수를 가분수로 나타내어 계산하기

① 대분수를 가분수로 고치고, 두 가분수를 통분하여 계산합니다.

② 계산 결과를 대분수로 나타냅니다.

1일 연습

분모가 다른 분수의 덧셈(2)

도전! 20분!

계산해 보세요.

1 $1\frac{1}{2}+1\frac{7}{8}$

2 $2\frac{5}{6}+1\frac{7}{9}$

3 $4\frac{5}{9}+1\frac{9}{15}$

4 $2\frac{3}{7}+1\frac{3}{4}$

5 $7\frac{9}{10}+1\frac{7}{18}$

6 $2\frac{19}{22}+1\frac{7}{18}$

7 $3\frac{5}{14}+1\frac{24}{35}$

8 $2\frac{7}{18}+4\frac{19}{27}$

9 $1\frac{21}{22}+3\frac{5}{11}$

10 $4\frac{6}{7}+1\frac{13}{21}$

11 $2\frac{29}{48}+2\frac{11}{24}$

12 $2\frac{7}{9}+1\frac{15}{63}$

13 $3\frac{4}{11}+2\frac{3}{4}$

14 $4\frac{13}{27}+2\frac{5}{9}$

15 $1\frac{43}{45}+3\frac{7}{30}$

16 $2\frac{11}{14}+1\frac{2}{35}$

17 $2\frac{5}{8}+2\frac{17}{18}$

18 $1\frac{31}{40}+2\frac{17}{60}$

계산해 보세요.

19 $2\frac{4}{7}+1\frac{2}{3}$

20 $7\frac{5}{8}+1\frac{17}{24}$

21 $2\frac{16}{25}+3\frac{69}{75}$

22 $6\frac{15}{16}+1\frac{3}{8}$

23 $2\frac{5}{7}+4\frac{4}{5}$

24 $4\frac{11}{16}+1\frac{31}{48}$

25 $2\frac{4}{9}+3\frac{11}{15}$

26 $1\frac{6}{17}+4\frac{31}{34}$

27 $7\frac{23}{45}+1\frac{22}{27}$

28 $3\frac{7}{10}+2\frac{11}{12}$

29 $2\frac{41}{62}+1\frac{27}{31}$

30 $4\frac{32}{45}+3\frac{17}{30}$

31 $1\frac{37}{49}+5\frac{9}{14}$

32 $1\frac{3}{16}+4\frac{13}{14}$

33 $2\frac{17}{24}+1\frac{25}{36}$

34 $3\frac{13}{40}+4\frac{7}{20}$

35 $4\frac{15}{17}+3\frac{49}{51}$

36 $3\frac{5}{18}+2\frac{55}{72}$

스스로 평가

분모가 다른 분수의 덧셈(2)

도전! 20분!

계산해 보세요.

1 $1\frac{6}{7}+4\frac{8}{9}$

2 $2\frac{2}{3}+1\frac{13}{15}$

3 $1\frac{5}{8}+3\frac{41}{56}$

4 $4\frac{7}{12}+2\frac{19}{21}$

5 $1\frac{7}{9}+3\frac{51}{63}$

6 $2\frac{11}{20}+1\frac{23}{25}$

7 $3\frac{11}{12}+2\frac{5}{24}$

8 $2\frac{13}{16}+4\frac{21}{40}$

9 $2\frac{10}{11}+1\frac{21}{44}$

10 $4\frac{21}{25}+3\frac{43}{50}$

11 $2\frac{17}{18}+5\frac{4}{15}$

12 $2\frac{9}{20}+4\frac{23}{30}$

13 $1\frac{15}{17}+5\frac{14}{51}$

14 $2\frac{15}{24}+4\frac{21}{40}$

15 $3\frac{15}{16}+2\frac{5}{12}$

16 $2\frac{13}{27}+5\frac{7}{9}$

17 $4\frac{11}{18}+2\frac{7}{15}$

18 $3\frac{21}{32}+2\frac{16}{24}$

계산해 보세요.

19 $2\frac{2}{3}+1\frac{7}{15}$

20 $1\frac{5}{9}+2\frac{13}{21}$

21 $2\frac{7}{12}+2\frac{16}{21}$

22 $3\frac{5}{14}+2\frac{27}{35}$

23 $2\frac{7}{24}+4\frac{29}{36}$

24 $2\frac{19}{35}+2\frac{17}{20}$

25 $3\frac{11}{15}+1\frac{17}{18}$

26 $5\frac{13}{18}+2\frac{19}{27}$

27 $5\frac{13}{15}+1\frac{16}{21}$

28 $3\frac{31}{42}+1\frac{13}{24}$

29 $2\frac{25}{52}+5\frac{15}{26}$

30 $2\frac{51}{72}+3\frac{15}{32}$

31 $2\frac{8}{21}+5\frac{9}{14}$

32 $2\frac{23}{36}+3\frac{17}{27}$

33 $3\frac{10}{17}+4\frac{49}{51}$

34 $5\frac{15}{26}+2\frac{24}{39}$

35 $4\frac{35}{48}+2\frac{17}{32}$

36 $3\frac{21}{34}+2\frac{33}{68}$

스스로 평가

3일 반복 분모가 다른 분수의 덧셈 (2)

계산해 보세요.

1 $1\frac{3}{4}+4\frac{4}{7}$

2 $5\frac{5}{7}+3\frac{3}{5}$

3 $5\frac{5}{6}+1\frac{7}{15}$

4 $2\frac{17}{21}+3\frac{13}{35}$

5 $6\frac{25}{36}+2\frac{15}{24}$

6 $4\frac{14}{25}+3\frac{7}{10}$

7 $2\frac{11}{81}+1\frac{10}{27}$

8 $4\frac{10}{21}+2\frac{13}{14}$

9 $1\frac{11}{14}+4\frac{25}{42}$

10 $3\frac{29}{36}+2\frac{5}{12}$

11 $4\frac{9}{16}+3\frac{31}{40}$

12 $1\frac{4}{39}+5\frac{15}{26}$

13 $3\frac{33}{40}+2\frac{7}{20}$

14 $2\frac{21}{28}+1\frac{31}{42}$

15 $1\frac{11}{14}+5\frac{21}{35}$

16 $2\frac{8}{9}+5\frac{25}{27}$

17 $7\frac{7}{19}+1\frac{51}{57}$

18 $3\frac{15}{32}+1\frac{9}{16}$

계산해 보세요.

19 $1\frac{5}{6}+2\frac{4}{11}$

20 $2\frac{5}{7}+2\frac{17}{21}$

21 $3\frac{13}{45}+4\frac{19}{90}$

22 $4\frac{43}{51}+2\frac{15}{17}$

23 $2\frac{14}{27}+1\frac{11}{18}$

24 $2\frac{5}{8}+6\frac{21}{26}$

25 $1\frac{23}{30}+2\frac{7}{12}$

26 $5\frac{7}{10}+1\frac{9}{14}$

27 $2\frac{27}{40}+4\frac{7}{12}$

28 $1\frac{11}{18}+4\frac{16}{27}$

29 $5\frac{7}{15}+2\frac{12}{25}$

30 $3\frac{35}{36}+1\frac{7}{24}$

31 $4\frac{40}{51}+1\frac{19}{34}$

32 $1\frac{15}{32}+3\frac{31}{48}$

33 $1\frac{17}{30}+2\frac{29}{45}$

34 $5\frac{15}{28}+2\frac{31}{42}$

35 $3\frac{11}{15}+2\frac{11}{20}$

36 $2\frac{21}{44}+5\frac{25}{33}$

스스로 평가

4일 반복 분모가 다른 분수의 덧셈(2)

도전! 20분!

계산해 보세요.

1 $1\frac{3}{4}+4\frac{7}{10}$

2 $3\frac{17}{30}+5\frac{13}{15}$

3 $4\frac{5}{24}+2\frac{9}{16}$

4 $2\frac{15}{32}+1\frac{23}{48}$

5 $1\frac{29}{42}+1\frac{17}{30}$

6 $2\frac{17}{33}+3\frac{7}{11}$

7 $3\frac{53}{72}+2\frac{7}{12}$

8 $4\frac{11}{24}+3\frac{25}{32}$

9 $2\frac{23}{24}+3\frac{11}{60}$

10 $2\frac{11}{24}+1\frac{13}{16}$

11 $4\frac{15}{26}+2\frac{17}{39}$

12 $3\frac{29}{36}+1\frac{53}{72}$

13 $4\frac{5}{9}+2\frac{29}{42}$

14 $1\frac{9}{16}+3\frac{35}{48}$

15 $4\frac{4}{11}+1\frac{57}{66}$

16 $2\frac{19}{20}+4\frac{11}{15}$

17 $3\frac{37}{42}+2\frac{15}{28}$

18 $4\frac{47}{70}+2\frac{5}{7}$

2주

계산해 보세요.

19 $3\frac{3}{4}+2\frac{7}{12}$

20 $7\frac{7}{8}+1\frac{5}{10}$

21 $6\frac{43}{60}+2\frac{8}{15}$

22 $2\frac{17}{24}+1\frac{13}{18}$

23 $3\frac{31}{48}+2\frac{25}{32}$

24 $4\frac{41}{44}+2\frac{17}{33}$

25 $2\frac{40}{81}+4\frac{5}{27}$

26 $4\frac{45}{56}+2\frac{21}{40}$

27 $1\frac{16}{21}+5\frac{11}{15}$

28 $6\frac{45}{76}+2\frac{29}{38}$

29 $3\frac{11}{18}+2\frac{23}{36}$

30 $2\frac{23}{36}+4\frac{17}{24}$

31 $3\frac{17}{20}+1\frac{11}{15}$

32 $2\frac{11}{14}+3\frac{26}{35}$

33 $3\frac{31}{42}+1\frac{19}{21}$

34 $3\frac{37}{48}+2\frac{11}{12}$

35 $2\frac{14}{45}+1\frac{17}{30}$

36 $4\frac{41}{54}+2\frac{23}{36}$

스스로 평가

5일 응용 분모가 다른 분수의 덧셈(2)

도전! 11분!

빈 곳에 알맞은 수를 써넣으세요.

1 | $3\frac{2}{3}$ | $+2\frac{5}{6}$ | |

2 | $1\frac{3}{4}$ | $+3\frac{2}{3}$ | |

3 | $6\frac{5}{12}$ | $+4\frac{2}{3}$ | |

4 | $2\frac{5}{8}$ | $+3\frac{7}{12}$ | |

5 | $3\frac{5}{17}$ | $+1\frac{41}{51}$ | |

6 | $2\frac{11}{12}$ | $+1\frac{7}{15}$ | |

7 | $5\frac{17}{24}$ | $+1\frac{7}{12}$ | |

8 | $4\frac{13}{21}$ | $+2\frac{9}{14}$ | |

9 | $3\frac{17}{20}$ | $+2\frac{5}{12}$ | |

10 | $2\frac{7}{15}$ | $+3\frac{2}{3}$ | |

빈 곳에 두 수의 합을 써넣으세요.

11

$2\frac{3}{4}$	$1\frac{1}{2}$

12

$2\frac{1}{2}$	$6\frac{7}{12}$

13

$2\frac{5}{7}$	$3\frac{2}{5}$

14

$1\frac{15}{17}$	$2\frac{25}{34}$

15

$5\frac{11}{14}$	$1\frac{5}{12}$

16

$3\frac{2}{3}$	$2\frac{5}{6}$

17

$3\frac{1}{4}$	$2\frac{23}{24}$

18

$2\frac{5}{6}$	$5\frac{3}{4}$

19

$2\frac{7}{12}$	$3\frac{13}{18}$

20

$4\frac{7}{16}$	$2\frac{19}{20}$

스스로 평가

✎ 양동이에 물고기 무게의 합이 쓰여 있습니다. 관계있는 것끼리 이어 보세요.

서연이와 의건이는 각자 가지고 있는 수 카드를 한 번씩만 사용하여 가장 작은 대분수를 만들려고 합니다. 서연이와 의건이가 만들 두 분수의 합을 구해 보세요.

서연이가 만든 가장 작은 대분수: □

의건이가 만든 가장 작은 대분수: □

➡ 두 분수의 합: □ + □ = □

분모가 다른 분수의 뺄셈(1)

민주는 엄마와 함께 장아찌를 담그려고 합니다. 식초 $\frac{4}{5}$컵에서 $\frac{1}{2}$컵을 사용하고 남은 식초의 양은 몇 컵인가요?

$\frac{4}{5}$와 $\frac{1}{2}$을 통분하여 나타냅니다.

$$\frac{4}{5}=\frac{4\times2}{5\times2}=\frac{8}{10} \qquad \frac{1}{2}=\frac{1\times5}{2\times5}=\frac{5}{10}$$

분수의 뺄셈을 하여 사용하고 남은 식초의 양을 구합니다.

(처음 식초의 양)−(사용한 식초의 양)

$$=\frac{4}{5}-\frac{1}{2}=\frac{8}{10}-\frac{5}{10}=\frac{8-5}{10}=\frac{3}{10}$$

$\frac{4}{5}-\frac{1}{2}=\frac{3}{10}$이므로 사용하고 남은 식초의 양은 $\frac{3}{10}$컵이에요.

학습계획

일차	1일 학습	2일 학습	3일 학습	4일 학습	5일 학습
공부할 날	월 일	월 일	월 일	월 일	월 일

진분수의 뺄셈

• $\frac{3}{5}-\frac{1}{2}$을 그림을 이용하여 통분하고 계산하기

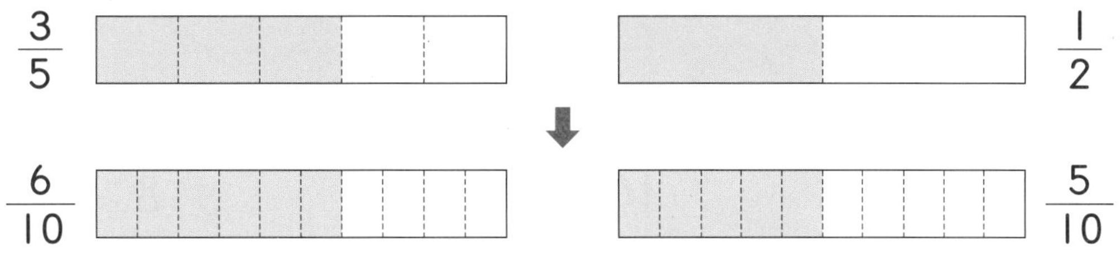

$$\frac{3}{5}-\frac{1}{2}=\frac{6}{10}-\frac{5}{10}=\frac{1}{10}$$

• $\frac{5}{6}-\frac{2}{9}$ 계산하기

방법 1 두 분모의 곱을 공통분모로 하여 통분한 후 계산하기

$$\frac{5}{6}-\frac{2}{9}=\frac{5\times9}{6\times9}-\frac{2\times6}{9\times6}=\frac{45}{54}-\frac{12}{54}=\frac{33}{54}=\frac{11}{18}$$

방법 2 두 분모의 최소공배수를 공통분모로 하여 통분한 후 계산하기

$$\frac{5}{6}-\frac{2}{9}=\frac{5\times3}{6\times3}-\frac{2\times2}{9\times2}=\frac{15}{18}-\frac{4}{18}=\frac{11}{18}$$

→ 6과 9의 최소공배수는 18이에요.

두 분수를 통분하여 분모가 같은 분수로 고치고 분모는 그대로 쓰고 분자끼리만 빼요.

참고 방법 2는 분모의 최소공배수를 공통분모로 하여 통분하므로 분자끼리의 뺄셈이 쉽고, 계산 결과를 약분할 필요가 없거나 간단합니다.

개념 쏙쏙 노트

• 진분수의 뺄셈
두 분수를 통분하여 분모가 같은 분수로 고친 후 분자끼리 빼서 계산합니다.
이때 계산 결과가 약분이 되면 약분을 하여 기약분수로 나타냅니다.

1일 연습

분모가 다른 분수의 뺄셈 (1)

도전! 16분!

계산해 보세요.

1 $\frac{1}{3}-\frac{1}{4}$

2 $\frac{3}{4}-\frac{2}{5}$

3 $\frac{3}{8}-\frac{1}{3}$

4 $\frac{5}{7}-\frac{1}{2}$

5 $\frac{3}{4}-\frac{1}{12}$

6 $\frac{5}{6}-\frac{3}{7}$

7 $\frac{2}{3}-\frac{2}{15}$

8 $\frac{13}{14}-\frac{1}{2}$

9 $\frac{11}{18}-\frac{1}{3}$

10 $\frac{7}{11}-\frac{1}{2}$

11 $\frac{17}{32}-\frac{3}{16}$

12 $\frac{6}{7}-\frac{13}{42}$

13 $\frac{2}{3}-\frac{1}{2}$

14 $\frac{7}{8}-\frac{5}{12}$

15 $\frac{23}{54}-\frac{1}{6}$

16 $\frac{31}{35}-\frac{2}{5}$

17 $\frac{14}{27}-\frac{1}{9}$

18 $\frac{17}{28}-\frac{1}{4}$

✏️ 계산해 보세요.

19 $\dfrac{4}{5} - \dfrac{7}{10}$

20 $\dfrac{15}{16} - \dfrac{1}{4}$

21 $\dfrac{6}{7} - \dfrac{5}{6}$

22 $\dfrac{19}{30} - \dfrac{1}{15}$

23 $\dfrac{8}{21} - \dfrac{1}{12}$

24 $\dfrac{5}{6} - \dfrac{7}{30}$

25 $\dfrac{1}{2} - \dfrac{17}{50}$

26 $\dfrac{7}{9} - \dfrac{5}{12}$

27 $\dfrac{5}{8} - \dfrac{1}{6}$

28 $\dfrac{3}{4} - \dfrac{11}{48}$

29 $\dfrac{3}{4} - \dfrac{1}{6}$

30 $\dfrac{17}{42} - \dfrac{7}{21}$

31 $\dfrac{1}{4} - \dfrac{1}{9}$

32 $\dfrac{1}{2} - \dfrac{1}{18}$

33 $\dfrac{77}{86} - \dfrac{30}{43}$

34 $\dfrac{25}{26} - \dfrac{7}{13}$

35 $\dfrac{19}{23} - \dfrac{19}{46}$

36 $\dfrac{23}{30} - \dfrac{17}{60}$

스스로
평가 😄 🙂 🙁

분모가 다른 분수의 뺄셈 (1)

✏️ 계산해 보세요.

1 $\dfrac{5}{6} - \dfrac{1}{4}$

2 $\dfrac{2}{3} - \dfrac{1}{2}$

3 $\dfrac{4}{9} - \dfrac{1}{3}$

4 $\dfrac{5}{7} - \dfrac{4}{9}$

5 $\dfrac{1}{2} - \dfrac{1}{8}$

6 $\dfrac{5}{6} - \dfrac{17}{36}$

7 $\dfrac{29}{42} - \dfrac{3}{7}$

8 $\dfrac{2}{3} - \dfrac{1}{54}$

9 $\dfrac{11}{12} - \dfrac{23}{72}$

10 $\dfrac{2}{3} - \dfrac{7}{45}$

11 $\dfrac{5}{11} - \dfrac{13}{55}$

12 $\dfrac{29}{36} - \dfrac{1}{2}$

13 $\dfrac{3}{4} - \dfrac{1}{12}$

14 $\dfrac{11}{24} - \dfrac{1}{3}$

15 $\dfrac{10}{11} - \dfrac{1}{2}$

16 $\dfrac{21}{26} - \dfrac{9}{52}$

17 $\dfrac{25}{26} - \dfrac{11}{13}$

18 $\dfrac{7}{30} - \dfrac{2}{15}$

계산해 보세요.

19 $\frac{15}{16}-\frac{1}{4}$

20 $\frac{13}{55}-\frac{1}{5}$

21 $\frac{7}{45}-\frac{2}{15}$

22 $\frac{17}{36}-\frac{5}{12}$

23 $\frac{47}{52}-\frac{7}{13}$

24 $\frac{23}{24}-\frac{5}{8}$

25 $\frac{5}{6}-\frac{3}{8}$

26 $\frac{37}{42}-\frac{1}{2}$

27 $\frac{14}{15}-\frac{1}{3}$

28 $\frac{10}{13}-\frac{7}{26}$

29 $\frac{8}{21}-\frac{1}{3}$

30 $\frac{8}{23}-\frac{1}{46}$

31 $\frac{23}{26}-\frac{1}{2}$

32 $\frac{25}{28}-\frac{5}{7}$

33 $\frac{2}{3}-\frac{10}{33}$

34 $\frac{14}{15}-\frac{2}{3}$

35 $\frac{49}{58}-\frac{15}{29}$

36 $\frac{5}{8}-\frac{1}{40}$

스스로 평가

3일 반복

분모가 다른 분수의 뺄셈 (1)

도전! 16분!

계산해 보세요.

1 $\frac{5}{6}-\frac{1}{2}$

2 $\frac{1}{3}-\frac{1}{7}$

3 $\frac{3}{4}-\frac{1}{6}$

4 $\frac{3}{5}-\frac{1}{3}$

5 $\frac{5}{6}-\frac{1}{8}$

6 $\frac{16}{17}-\frac{1}{2}$

7 $\frac{1}{6}-\frac{1}{9}$

8 $\frac{7}{10}-\frac{3}{8}$

9 $\frac{35}{38}-\frac{1}{2}$

10 $\frac{1}{6}-\frac{1}{7}$

11 $\frac{58}{81}-\frac{4}{9}$

12 $\frac{15}{17}-\frac{1}{3}$

13 $\frac{61}{66}-\frac{5}{6}$

14 $\frac{17}{34}-\frac{5}{17}$

15 $\frac{7}{69}-\frac{1}{23}$

16 $\frac{17}{30}-\frac{1}{12}$

17 $\frac{71}{95}-\frac{2}{5}$

18 $\frac{25}{26}-\frac{3}{13}$

✏ 계산해 보세요.

3주

19 $\dfrac{4}{5} - \dfrac{1}{3}$

20 $\dfrac{1}{2} - \dfrac{1}{8}$

21 $\dfrac{2}{3} - \dfrac{1}{7}$

22 $\dfrac{3}{4} - \dfrac{1}{5}$

23 $\dfrac{4}{5} - \dfrac{1}{9}$

24 $\dfrac{15}{16} - \dfrac{1}{4}$

25 $\dfrac{1}{4} - \dfrac{1}{10}$

26 $\dfrac{7}{9} - \dfrac{3}{10}$

27 $\dfrac{35}{36} - \dfrac{1}{4}$

28 $\dfrac{3}{4} - \dfrac{1}{8}$

29 $\dfrac{59}{80} - \dfrac{7}{10}$

30 $\dfrac{15}{16} - \dfrac{1}{5}$

31 $\dfrac{37}{44} - \dfrac{2}{11}$

32 $\dfrac{17}{35} - \dfrac{2}{7}$

33 $\dfrac{19}{70} - \dfrac{1}{7}$

34 $\dfrac{17}{32} - \dfrac{1}{2}$

35 $\dfrac{77}{92} - \dfrac{1}{2}$

36 $\dfrac{25}{28} - \dfrac{3}{14}$

스스로 평가 😄 ☺ ☹

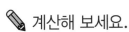

분모가 다른 분수의 뺄셈 (1)

계산해 보세요.

1 $\frac{1}{2}-\frac{1}{5}$

2 $\frac{1}{3}-\frac{1}{4}$

3 $\frac{1}{6}-\frac{1}{12}$

4 $\frac{7}{10}-\frac{1}{2}$

5 $\frac{7}{8}-\frac{1}{4}$

6 $\frac{7}{9}-\frac{1}{2}$

7 $\frac{1}{5}-\frac{1}{6}$

8 $\frac{7}{10}-\frac{1}{8}$

9 $\frac{33}{34}-\frac{1}{2}$

10 $\frac{5}{12}-\frac{1}{36}$

11 $\frac{35}{36}-\frac{1}{3}$

12 $\frac{41}{45}-\frac{2}{15}$

13 $\frac{61}{63}-\frac{10}{21}$

14 $\frac{8}{21}-\frac{1}{3}$

15 $\frac{3}{8}-\frac{1}{24}$

16 $\frac{77}{82}-\frac{1}{2}$

17 $\frac{31}{46}-\frac{11}{92}$

18 $\frac{30}{41}-\frac{1}{2}$

✏️ 계산해 보세요.

19 $\dfrac{21}{25} - \dfrac{1}{5}$

20 $\dfrac{19}{34} - \dfrac{1}{4}$

21 $\dfrac{1}{7} - \dfrac{1}{11}$

22 $\dfrac{8}{11} - \dfrac{1}{3}$

23 $\dfrac{3}{4} - \dfrac{1}{8}$

24 $\dfrac{11}{12} - \dfrac{1}{9}$

25 $\dfrac{13}{15} - \dfrac{1}{6}$

26 $\dfrac{7}{12} - \dfrac{1}{8}$

27 $\dfrac{31}{35} - \dfrac{1}{2}$

28 $\dfrac{5}{14} - \dfrac{1}{42}$

29 $\dfrac{35}{38} - \dfrac{1}{2}$

30 $\dfrac{40}{49} - \dfrac{2}{7}$

31 $\dfrac{53}{60} - \dfrac{7}{10}$

32 $\dfrac{11}{20} - \dfrac{1}{3}$

33 $\dfrac{3}{11} - \dfrac{1}{8}$

34 $\dfrac{11}{12} - \dfrac{1}{4}$

35 $\dfrac{31}{47} - \dfrac{1}{2}$

36 $\dfrac{29}{40} - \dfrac{1}{4}$

5일 응용

분모가 다른 분수의 뺄셈 (1)

도전! 14분!

□ 안에 알맞은 수를 써넣으세요.

1. $\frac{5}{7}$ → $-\frac{2}{14}$ → □

2. $\frac{5}{6}$ → $-\frac{1}{3}$ → □

3. $\frac{11}{12}$ → $-\frac{1}{2}$ → □

4. $\frac{2}{3}$ → $-\frac{3}{8}$ → □

5. $\frac{1}{2}$ → $-\frac{2}{5}$ → □

6. $\frac{7}{20}$ → $-\frac{2}{15}$ → □

7. $\frac{3}{7}$ → $-\frac{23}{77}$ → □

8. $\frac{13}{14}$ → $-\frac{3}{7}$ → □

9. $\frac{1}{2}$ → $-\frac{7}{17}$ → □

10. $\frac{5}{8}$ → $-\frac{3}{40}$ → □

3주

빈 곳에 알맞은 수를 써넣으세요.

11

−	$\frac{1}{2}$	$\frac{1}{4}$
$\frac{4}{5}$		

15

−	$\frac{1}{2}$	$\frac{2}{5}$
$\frac{10}{11}$		

12

−	$\frac{2}{5}$	$\frac{1}{6}$
$\frac{29}{30}$		

16

−	$\frac{9}{32}$	$\frac{11}{35}$
$\frac{1}{2}$		

13

−	$\frac{1}{2}$	$\frac{1}{3}$
$\frac{31}{36}$		

17

−	$\frac{1}{2}$	$\frac{1}{3}$
$\frac{15}{17}$		

14

−	$\frac{2}{7}$	$\frac{4}{9}$
$\frac{59}{63}$		

18

−	$\frac{4}{11}$	$\frac{2}{9}$
$\frac{7}{8}$		

스스로 평가

지구상에서 가장 큰 동물은 무엇인지 알아보려고 합니다. 각 칸에 적힌 식을 계산하고 계산 결과에 해당하는 글자를 찾아 써넣으세요.

$\frac{3}{10}$	$\frac{5}{12}$	$\frac{3}{8}$	$\frac{17}{40}$	$\frac{11}{24}$	$\frac{7}{15}$
염	래	긴	고	흰	수

$\frac{7}{12}-\frac{1}{8}$	$\frac{5}{8}-\frac{1}{4}$	$\frac{2}{3}-\frac{1}{5}$
$\frac{9}{10}-\frac{3}{5}$	$\frac{4}{5}-\frac{3}{8}$	$\frac{7}{12}-\frac{1}{6}$

지구상에서 가장 큰 동물은 □□□□□□ 입니다.

✎ 삼장법사가 떡 1 kg을 손오공과 저팔계와 함께 먹으려 했는데 손오공과 저팔계가 몰래 먼저 먹었습니다. 남은 떡은 몇 kg인가요?

손오공이 먹고 남은 떡의 무게: $1-\frac{1}{\square}=\frac{\square}{\square}$(kg)

저팔계가 먹고 남은 떡의 무게: $\frac{\square}{\square}-\frac{5}{\square}=\frac{\square}{\square}$(kg)

4주 개념 분모가 다른 분수의 뺄셈 (2)

친구들이 모여 피자와 콜라를 먹고 있습니다. 콜라 $1\frac{2}{3}$병에서 $1\frac{1}{2}$병을 마시면 남은 콜라의 양은 몇 병인가요?

$1\frac{2}{3}$와 $1\frac{1}{2}$을 통분합니다.

$$1\frac{2}{3}=1+\frac{2\times2}{3\times2}=1\frac{4}{6} \qquad 1\frac{1}{2}=1+\frac{1\times3}{2\times3}=1\frac{3}{6}$$

분수의 뺄셈을 하여 남은 콜라의 양을 구합니다.

(처음 콜라의 양) $-$ (마신 콜라의 양)

$$=1\frac{2}{3}-1\frac{1}{2}=1\frac{4}{6}-1\frac{3}{6}=(1-1)+\left(\frac{4}{6}-\frac{3}{6}\right)=\frac{1}{6}$$

$1\frac{2}{3}-1\frac{1}{2}=\frac{1}{6}$이므로 남은 콜라의 양은 $\frac{1}{6}$병이에요.

학습계획

일차	1일 학습	2일 학습	3일 학습	4일 학습	5일 학습
공부할 날	월 일	월 일	월 일	월 일	월 일

대분수의 뺄셈

• $2\frac{3}{4}-1\frac{2}{3}$를 그림을 이용하여 통분하고 계산하기

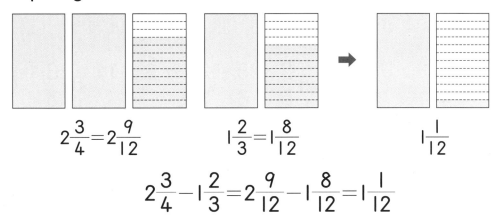

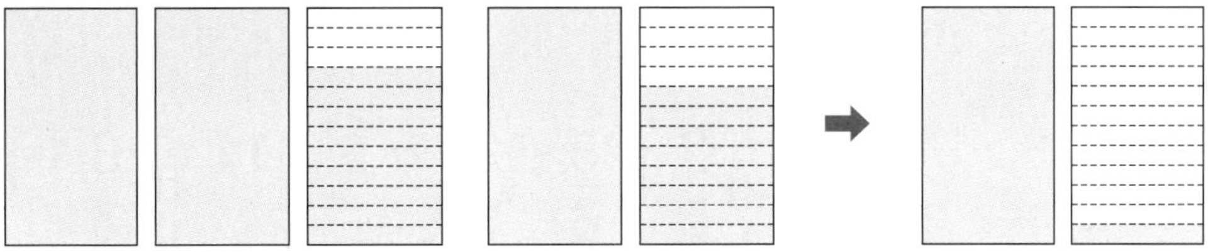

$2\frac{3}{4}=2\frac{9}{12}$ $1\frac{2}{3}=1\frac{8}{12}$ $1\frac{1}{12}$

$$2\frac{3}{4}-1\frac{2}{3}=2\frac{9}{12}-1\frac{8}{12}=1\frac{1}{12}$$

• $3\frac{3}{4}-1\frac{1}{6}$ 계산하기

방법 1 자연수는 자연수끼리, 분수는 분수끼리 빼서 계산하기

$$3\frac{3}{4}-1\frac{1}{6}=3\frac{9}{12}-1\frac{2}{12}=(3-1)+\left(\frac{9}{12}-\frac{2}{12}\right)=2+\frac{7}{12}=2\frac{7}{12}$$

방법 2 대분수를 가분수로 나타내어 계산하기

$$3\frac{3}{4}-1\frac{1}{6}=\frac{15}{4}-\frac{7}{6}=\frac{45}{12}-\frac{14}{12}=\frac{31}{12}=2\frac{7}{12}$$

개념 쏙쏙 노트

• 대분수의 뺄셈

방법 1 자연수는 자연수끼리, 분수는 분수끼리 빼서 계산하기

① 두 분수를 통분합니다.

② 자연수는 자연수끼리, 분수는 분수끼리 뺍니다.

방법 2 대분수를 가분수로 나타내어 계산하기

① 대분수를 가분수로 나타내고 두 가분수를 통분하여 계산합니다.

② 계산 결과가 가분수이면 대분수로 나타냅니다.

1일 연습

분모가 다른 분수의 뺄셈(2)

계산해 보세요.

1 $3\frac{1}{2}-1\frac{1}{3}$

2 $5\frac{2}{3}-4\frac{1}{4}$

3 $7\frac{3}{4}-2\frac{2}{5}$

4 $4\frac{8}{9}-2\frac{7}{15}$

5 $3\frac{7}{8}-1\frac{11}{16}$

6 $2\frac{3}{4}-1\frac{1}{6}$

7 $5\frac{4}{5}-2\frac{3}{7}$

8 $1\frac{2}{5}-\frac{3}{8}$

9 $2\frac{5}{6}-1\frac{4}{9}$

10 $11\frac{5}{6}-9\frac{3}{11}$

11 $6\frac{4}{5}-3\frac{1}{6}$

12 $8\frac{2}{7}-2\frac{2}{9}$

13 $5\frac{3}{8}-2\frac{5}{18}$

14 $10\frac{3}{8}-4\frac{1}{10}$

15 $7\frac{4}{9}-5\frac{3}{10}$

16 $6\frac{5}{9}-1\frac{6}{11}$

17 $2\frac{1}{2}-1\frac{1}{11}$

18 $4\frac{8}{21}-2\frac{2}{9}$

계산해 보세요.

19 $7\frac{2}{3}-4\frac{3}{10}$

20 $2\frac{2}{3}-\frac{1}{9}$

21 $6\frac{7}{9}-2\frac{5}{18}$

22 $2\frac{11}{12}-1\frac{13}{21}$

23 $5\frac{1}{5}-\frac{2}{11}$

24 $4\frac{4}{5}-1\frac{2}{9}$

25 $3\frac{5}{6}-1\frac{3}{8}$

26 $8\frac{5}{6}-3\frac{5}{7}$

27 $2\frac{4}{7}-1\frac{1}{6}$

28 $5\frac{10}{27}-4\frac{5}{18}$

29 $7\frac{7}{8}-2\frac{4}{5}$

30 $5\frac{7}{12}-3\frac{3}{14}$

31 $4\frac{7}{9}-2\frac{3}{4}$

32 $4\frac{5}{8}-3\frac{9}{16}$

33 $5\frac{11}{15}-\frac{13}{25}$

34 $7\frac{19}{21}-4\frac{5}{14}$

35 $9\frac{3}{4}-2\frac{1}{6}$

36 $4\frac{1}{3}-\frac{2}{7}$

스스로 평가

2일 반복 분모가 다른 분수의 뺄셈 (2)

도전! 20분!

계산해 보세요.

1 $1\frac{1}{2}-1\frac{2}{7}$

2 $7\frac{5}{7}-3\frac{2}{5}$

3 $6\frac{7}{8}-4\frac{2}{3}$

4 $4\frac{2}{3}-\frac{5}{9}$

5 $8\frac{3}{4}-2\frac{2}{7}$

6 $7\frac{3}{4}-1\frac{5}{8}$

7 $9\frac{5}{12}-3\frac{2}{9}$

8 $6\frac{3}{5}-\frac{3}{10}$

9 $3\frac{5}{6}-2\frac{1}{10}$

10 $9\frac{12}{13}-7\frac{9}{26}$

11 $2\frac{5}{7}-1\frac{3}{8}$

12 $9\frac{2}{7}-5\frac{2}{11}$

13 $7\frac{3}{8}-2\frac{2}{11}$

14 $5\frac{3}{8}-4\frac{1}{12}$

15 $1\frac{5}{8}-\frac{5}{16}$

16 $5\frac{13}{18}-2\frac{7}{30}$

17 $4\frac{4}{9}-1\frac{7}{18}$

18 $7\frac{5}{9}-2\frac{4}{27}$

계산해 보세요.

19 $3\frac{17}{24}-1\frac{9}{16}$

20 $4\frac{20}{27}-2\frac{2}{3}$

21 $7\frac{24}{35}-3\frac{9}{14}$

22 $4\frac{17}{18}-\frac{2}{3}$

23 $7\frac{9}{10}-4\frac{3}{4}$

24 $8\frac{7}{10}-\frac{3}{5}$

25 $7\frac{13}{16}-4\frac{2}{5}$

26 $9\frac{13}{15}-5\frac{7}{30}$

27 $4\frac{11}{12}-3\frac{2}{5}$

28 $9\frac{7}{12}-9\frac{5}{24}$

29 $3\frac{10}{11}-1\frac{2}{3}$

30 $7\frac{9}{11}-6\frac{1}{4}$

31 $3\frac{7}{9}-2\frac{3}{4}$

32 $5\frac{7}{10}-3\frac{1}{3}$

33 $2\frac{8}{9}-\frac{2}{3}$

34 $6\frac{7}{25}-4\frac{1}{10}$

35 $7\frac{7}{8}-1\frac{3}{4}$

36 $12\frac{5}{8}-9\frac{1}{2}$

스스로 평가

분모가 다른 분수의 뺄셈 (2)

도전! 20분!

계산해 보세요.

1 $6\frac{7}{25}-5\frac{1}{5}$

2 $7\frac{5}{12}-2\frac{3}{28}$

3 $5\frac{5}{12}-3\frac{5}{36}$

4 $5\frac{2}{3}-\frac{3}{11}$

5 $9\frac{3}{4}-7\frac{6}{11}$

6 $10\frac{3}{4}-4\frac{5}{12}$

7 $8\frac{13}{16}-6\frac{5}{8}$

8 $8\frac{3}{5}-4\frac{7}{13}$

9 $2\frac{5}{6}-1\frac{2}{13}$

10 $5\frac{5}{6}-2\frac{3}{14}$

11 $6\frac{7}{12}-3\frac{5}{16}$

12 $8\frac{6}{7}-\frac{4}{21}$

13 $3\frac{7}{8}-2\frac{3}{16}$

14 $9\frac{7}{8}-\frac{7}{20}$

15 $7\frac{3}{8}-3\frac{5}{24}$

16 $9\frac{8}{9}-2\frac{2}{7}$

17 $3\frac{7}{10}-2\frac{1}{2}$

18 $9\frac{9}{10}-\frac{2}{3}$

계산해 보세요.

19 $4\frac{3}{10}-\frac{1}{4}$

20 $9\frac{7}{12}-2\frac{13}{36}$

21 $12\frac{9}{11}-10\frac{2}{3}$

22 $6\frac{17}{24}-4\frac{5}{48}$

23 $7\frac{26}{45}-6\frac{11}{30}$

24 $3\frac{17}{20}-1\frac{7}{30}$

25 $5\frac{23}{24}-1\frac{5}{6}$

26 $7\frac{12}{13}-\frac{1}{2}$

27 $2\frac{11}{13}-1\frac{2}{3}$

28 $6\frac{10}{13}-2\frac{3}{4}$

29 $1\frac{11}{14}-1\frac{2}{7}$

30 $4\frac{13}{14}-3\frac{2}{3}$

31 $3\frac{9}{14}-1\frac{5}{42}$

32 $8\frac{14}{15}-7\frac{7}{20}$

33 $5\frac{13}{15}-\frac{2}{3}$

34 $6\frac{11}{15}-2\frac{3}{5}$

35 $9\frac{15}{16}-3\frac{19}{24}$

36 $9\frac{13}{16}-4\frac{3}{4}$

스스로 평가

반복 4일

분모가 다른 분수의 뺄셈(2)

계산해 보세요.

1 $8\frac{2}{3}-4\frac{3}{10}$

7 $9\frac{3}{4}-1\frac{5}{12}$

13 $6\frac{5}{6}-5\frac{3}{14}$

2 $6\frac{7}{9}-3\frac{2}{3}$

8 $11\frac{3}{4}-9\frac{2}{13}$

14 $4\frac{5}{6}-\frac{7}{18}$

3 $7\frac{23}{45}-1\frac{7}{30}$

9 $8\frac{1}{4}-3\frac{1}{14}$

15 $7\frac{5}{6}-2\frac{3}{20}$

4 $2\frac{2}{3}-\frac{4}{11}$

10 $2\frac{4}{5}-\frac{8}{13}$

16 $2\frac{6}{7}-2\frac{7}{28}$

5 $8\frac{2}{3}-2\frac{7}{12}$

11 $5\frac{3}{5}-1\frac{5}{14}$

17 $9\frac{5}{7}-7\frac{19}{35}$

6 $5\frac{9}{20}-4\frac{2}{5}$

12 $7\frac{2}{5}-5\frac{4}{15}$

18 $8\frac{4}{7}-6\frac{5}{42}$

계산해 보세요.

19 $8\frac{41}{42}-3\frac{19}{28}$

25 $7\frac{13}{15}-1\frac{2}{3}$

31 $7\frac{9}{10}-2\frac{3}{5}$

20 $6\frac{24}{35}-2\frac{9}{14}$

26 $4\frac{13}{14}-\frac{1}{2}$

32 $2\frac{7}{9}-1\frac{5}{8}$

21 $9\frac{25}{28}-3\frac{3}{4}$

27 $5\frac{11}{14}-1\frac{2}{7}$

33 $6\frac{4}{31}-3\frac{3}{62}$

22 $8\frac{7}{20}-\frac{3}{10}$

28 $6\frac{13}{26}-5\frac{4}{39}$

34 $4\frac{13}{15}-2\frac{2}{45}$

23 $11\frac{7}{18}-4\frac{2}{9}$

29 $2\frac{11}{12}-2\frac{5}{6}$

35 $7\frac{5}{12}-3\frac{5}{14}$

24 $9\frac{11}{14}-6\frac{3}{7}$

30 $9\frac{25}{36}-7\frac{11}{24}$

36 $4\frac{7}{36}-\frac{1}{18}$

스스로 평가

5일 응용

분모가 다른 분수의 뺄셈(2)

도전! 11분!

빈 곳에 알맞은 수를 써넣으세요.

1. $4\frac{3}{4}$ → $-1\frac{2}{5}$ → ☐

2. $5\frac{16}{21}$ → $-5\frac{4}{7}$ → ☐

3. $3\frac{11}{15}$ → $-2\frac{9}{20}$ → ☐

4. $7\frac{2}{3}$ → $-3\frac{3}{8}$ → ☐

5. $6\frac{6}{7}$ → $-\frac{5}{14}$ → ☐

6. $4\frac{5}{16}$ → $-3\frac{3}{32}$ → ☐

7. $4\frac{5}{12}$ → $-2\frac{2}{9}$ → ☐

8. $5\frac{5}{6}$ → $-\frac{3}{8}$ → ☐

9. $9\frac{11}{12}$ → $-7\frac{8}{21}$ → ☐

10. $9\frac{1}{4}$ → $-3\frac{1}{8}$ → ☐

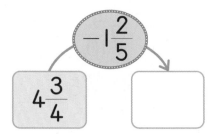

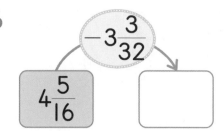

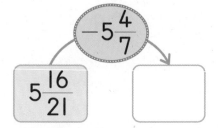

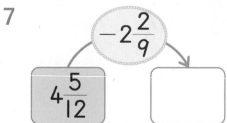

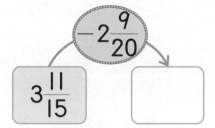

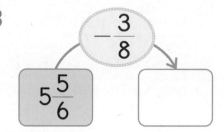

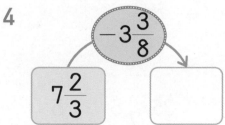

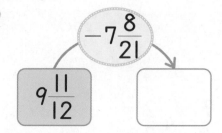

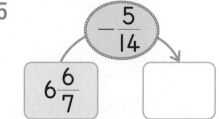

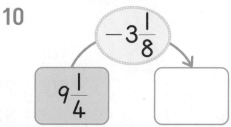

빈 곳에 알맞은 수를 써넣으세요.

11 (가로 −, 세로 −)

$5\frac{2}{3}$	$2\frac{4}{15}$	
$3\frac{3}{14}$		

14 (가로 −, 세로 −)

$2\frac{31}{50}$	$1\frac{9}{25}$	
$\frac{3}{10}$		

12 (가로 −, 세로 −)

$2\frac{13}{30}$	$1\frac{5}{12}$	
$2\frac{2}{5}$		

15 (가로 −, 세로 −)

$5\frac{3}{4}$	$3\frac{2}{7}$	
$2\frac{4}{9}$		

13 (가로 −, 세로 −)

$4\frac{13}{20}$	$\frac{7}{15}$	
$3\frac{1}{4}$		

16 (가로 −, 세로 −)

$3\frac{2}{3}$	$\frac{1}{6}$	
$3\frac{3}{8}$		

스스로 평가

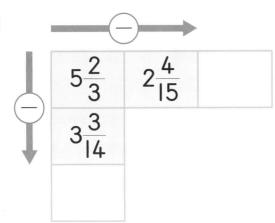

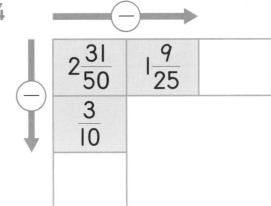

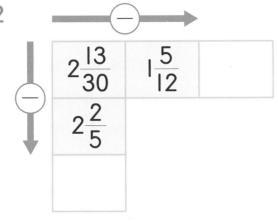

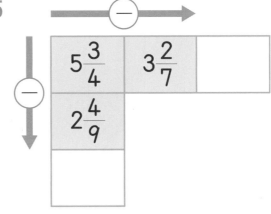

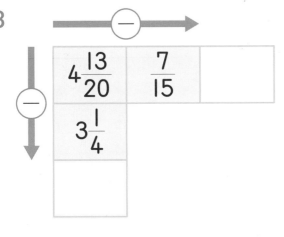

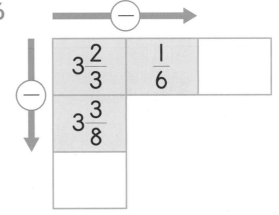

✏️ 사다리를 따라 내려간 곳에 계산 결과를 써넣으세요.

$$3\frac{5}{6} - 1\frac{4}{7}$$

$$7\frac{7}{8} - 2\frac{5}{6}$$

$$11\frac{5}{12} - 9\frac{2}{21}$$

$$8\frac{7}{10} - 3\frac{1}{5}$$

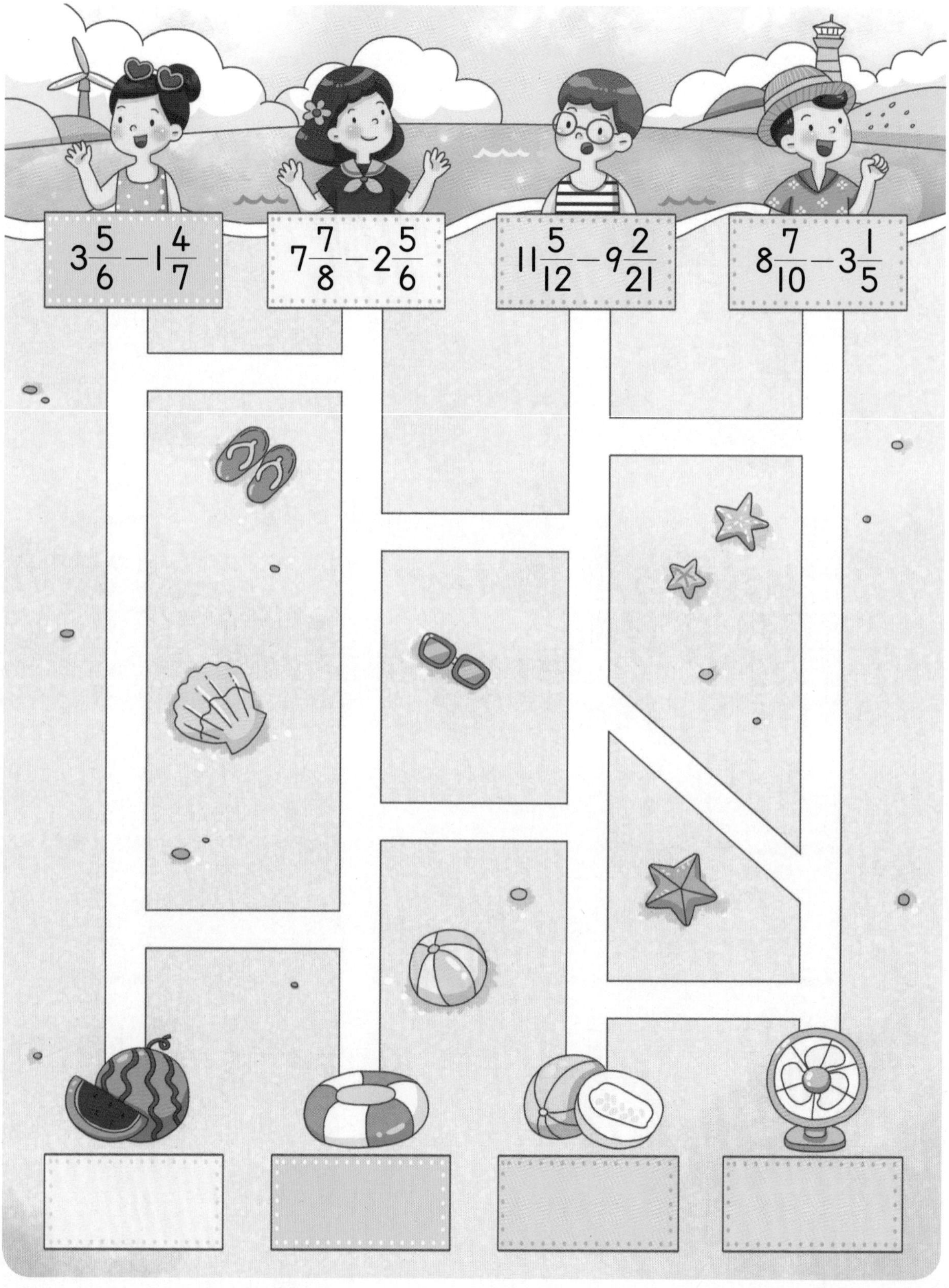

✎ 친구들이 각각 가지고 있는 분수 카드 중에서 2장을 골라 차가 가장 큰 뺄셈식을 만들고 계산해 보세요.

□ − □ = □

□ − □ = □

□ − □ = □

□ − □ = □

분모가 다른 분수의 뺄셈 (3)

선물 상자를 포장하는 데 리본을 현중이는 $2\frac{1}{4}$ m 사용하였고, 민정이는 $1\frac{2}{3}$ m 사용했습니다. 현중이는 민정이보다 리본을 몇 m 더 사용했나요?

$2\frac{1}{4}$과 $1\frac{2}{3}$를 통분합니다.

$$2\frac{1}{4}=2+\frac{1\times3}{4\times3}=2\frac{3}{12} \qquad 1\frac{2}{3}=1+\frac{2\times4}{3\times4}=1\frac{8}{12}$$

분수의 뺄셈을 하여 현중이가 민정이보다 리본을 몇 m 더 사용했는지 구합니다.

(현중이가 사용한 리본의 길이)－(민정이가 사용한 리본의 길이)

$$=2\frac{1}{4}-1\frac{2}{3}=2\frac{3}{12}-1\frac{8}{12}=1\frac{15}{12}-1\frac{8}{12}=\frac{7}{12}$$

$2\frac{1}{4}-1\frac{2}{3}=\frac{7}{12}$이므로 현중이는 민정이보다 리본을 $\frac{7}{12}$ m 더 사용했어요.

학습계획

일차	1일 학습	2일 학습	3일 학습	4일 학습	5일 학습
공부할 날	월 일	월 일	월 일	월 일	월 일

대분수의 뺄셈

• $2\frac{1}{3}-1\frac{1}{2}$을 그림을 이용하여 통분하고 계산하기

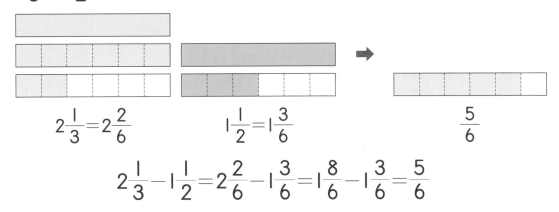

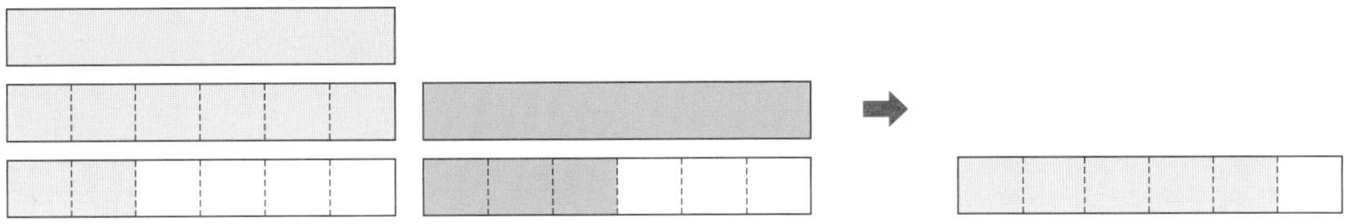

$2\frac{1}{3}=2\frac{2}{6}$　　$1\frac{1}{2}=1\frac{3}{6}$　　$\frac{5}{6}$

$$2\frac{1}{3}-1\frac{1}{2}=2\frac{2}{6}-1\frac{3}{6}=1\frac{8}{6}-1\frac{3}{6}=\frac{5}{6}$$

• $3\frac{3}{5}-2\frac{5}{6}$ 계산하기

방법 1 자연수는 자연수끼리, 분수는 분수끼리 빼서 계산하기

$$3\frac{3}{5}-2\frac{5}{6}=3\frac{18}{30}-2\frac{25}{30}=2\frac{48}{30}-2\frac{25}{30}=(2-2)+\left(\frac{48}{30}-\frac{25}{30}\right)=\frac{23}{30}$$

방법 2 대분수를 가분수로 나타내어 계산하기

$$3\frac{3}{5}-2\frac{5}{6}=\frac{18}{5}-\frac{17}{6}=\frac{108}{30}-\frac{85}{30}=\frac{23}{30}$$

개념 쏙쏙 노트

• 대분수의 뺄셈

방법 1 자연수는 자연수끼리, 분수는 분수끼리 빼서 계산하기

① 두 분수를 통분합니다.

② 자연수는 자연수끼리, 분수는 분수끼리 뺍니다. 분수끼리 뺄 수 없을 때에는 자연수 부분에서 1을 받아내림하여 뺍니다.

방법 2 대분수를 가분수로 나타내어 계산하기

① 대분수를 가분수로 나타내고 통분하여 계산합니다.

② 계산 결과가 가분수이면 대분수로 나타냅니다.

1일 연습

분모가 다른 분수의 뺄셈 (3)

계산해 보세요.

1 $4\frac{1}{2}-1\frac{2}{3}$

2 $7\frac{2}{3}-5\frac{5}{6}$

3 $1\frac{1}{4}-\frac{1}{2}$

4 $4\frac{1}{3}-1\frac{3}{4}$

5 $2\frac{1}{3}-\frac{3}{5}$

6 $5\frac{2}{5}-3\frac{3}{4}$

7 $1\frac{1}{4}-\frac{2}{3}$

8 $8\frac{5}{12}-7\frac{5}{8}$

9 $11\frac{3}{10}-9\frac{5}{6}$

10 $8\frac{1}{5}-1\frac{1}{2}$

11 $7\frac{3}{8}-4\frac{7}{9}$

12 $2\frac{4}{15}-1\frac{3}{4}$

13 $1\frac{1}{9}-\frac{1}{3}$

14 $3\frac{3}{11}-1\frac{2}{3}$

15 $7\frac{7}{20}-5\frac{4}{5}$

16 $14\frac{1}{7}-2\frac{1}{2}$

17 $3\frac{1}{8}-2\frac{1}{6}$

18 $5\frac{2}{9}-\frac{3}{4}$

5주

계산해 보세요.

19 $3\frac{1}{8}-2\frac{9}{10}$

20 $6\frac{1}{8}-4\frac{2}{3}$

21 $1\frac{7}{24}-\frac{11}{16}$

22 $2\frac{1}{9}-1\frac{1}{2}$

23 $9\frac{4}{9}-7\frac{8}{15}$

24 $12\frac{5}{22}-7\frac{3}{4}$

25 $8\frac{3}{14}-1\frac{1}{2}$

26 $5\frac{1}{10}-2\frac{2}{3}$

27 $8\frac{1}{6}-1\frac{1}{4}$

28 $8\frac{4}{25}-6\frac{7}{10}$

29 $5\frac{1}{11}-1\frac{1}{3}$

30 $11\frac{3}{16}-3\frac{7}{8}$

31 $2\frac{2}{7}-\frac{3}{4}$

32 $13\frac{1}{12}-2\frac{1}{3}$

33 $7\frac{3}{7}-6\frac{9}{14}$

34 $11\frac{4}{27}-4\frac{5}{6}$

35 $4\frac{1}{13}-1\frac{1}{2}$

36 $6\frac{8}{35}-5\frac{5}{7}$

스스로 평가

2일 반복 분모가 다른 분수의 뺄셈(3)

도전! 22분!

계산해 보세요.

1 $7\frac{1}{2}-4\frac{3}{4}$

2 $10\frac{1}{3}-\frac{3}{7}$

3 $4\frac{2}{7}-1\frac{5}{6}$

4 $2\frac{1}{5}-\frac{5}{6}$

5 $8\frac{2}{15}-2\frac{4}{9}$

6 $2\frac{7}{12}-\frac{5}{8}$

7 $11\frac{1}{6}-7\frac{3}{5}$

8 $5\frac{3}{10}-1\frac{4}{5}$

9 $2\frac{2}{3}-\frac{5}{6}$

10 $9\frac{1}{4}-1\frac{3}{8}$

11 $7\frac{1}{5}-\frac{7}{12}$

12 $5\frac{1}{6}-1\frac{7}{10}$

13 $4\frac{3}{14}-1\frac{5}{6}$

14 $9\frac{5}{21}-2\frac{3}{7}$

15 $2\frac{2}{9}-\frac{4}{7}$

16 $8\frac{1}{3}-2\frac{4}{5}$

17 $13\frac{1}{8}-\frac{13}{20}$

18 $3\frac{5}{12}-\frac{5}{8}$

공부한 날 월 일 | 맞힌 개수 개 | 걸린 시간 분

계산해 보세요.

19 $5\frac{2}{5}-1\frac{7}{8}$

20 $2\frac{2}{9}-\frac{5}{6}$

21 $8\frac{2}{15}-2\frac{14}{25}$

22 $7\frac{3}{11}-5\frac{4}{5}$

23 $4\frac{3}{16}-\frac{11}{12}$

24 $12\frac{1}{13}-9\frac{1}{6}$

25 $2\frac{3}{20}-\frac{8}{15}$

26 $9\frac{1}{8}-7\frac{4}{7}$

27 $5\frac{2}{9}-3\frac{3}{8}$

28 $7\frac{4}{15}-5\frac{11}{12}$

29 $9\frac{2}{11}-1\frac{5}{6}$

30 $5\frac{1}{12}-1\frac{3}{7}$

31 $4\frac{3}{8}-2\frac{9}{20}$

32 $5\frac{2}{5}-2\frac{10}{13}$

33 $7\frac{3}{8}-4\frac{5}{6}$

34 $1\frac{2}{9}-\frac{7}{10}$

35 $6\frac{1}{10}-3\frac{2}{7}$

36 $9\frac{4}{11}-2\frac{2}{3}$

스스로 평가

3일 반복

분모가 다른 분수의 뺄셈(3)

도전! 22분!

계산해 보세요.

1 $2\frac{2}{3}-\frac{4}{5}$

2 $5\frac{3}{8}-1\frac{9}{16}$

3 $1\frac{2}{5}-\frac{5}{8}$

4 $3\frac{2}{11}-2\frac{5}{6}$

5 $8\frac{3}{20}-3\frac{7}{8}$

6 $6\frac{2}{21}-\frac{7}{9}$

7 $9\frac{3}{20}-4\frac{11}{12}$

8 $7\frac{2}{3}-1\frac{5}{6}$

9 $5\frac{3}{10}-3\frac{5}{8}$

10 $3\frac{2}{5}-\frac{7}{9}$

11 $10\frac{2}{15}-3\frac{7}{12}$

12 $5\frac{6}{7}-1\frac{8}{9}$

13 $10\frac{6}{7}-4\frac{9}{10}$

14 $8\frac{3}{14}-2\frac{17}{28}$

15 $5\frac{2}{3}-2\frac{6}{7}$

16 $3\frac{2}{9}-1\frac{13}{30}$

17 $6\frac{2}{5}-\frac{7}{10}$

18 $7\frac{5}{6}-1\frac{17}{18}$

✏️ 계산해 보세요.

19 $3\dfrac{4}{9} - \dfrac{10}{11}$

20 $9\dfrac{7}{10} - 6\dfrac{7}{8}$

21 $8\dfrac{5}{24} - 2\dfrac{7}{16}$

22 $7\dfrac{13}{45} - 1\dfrac{29}{30}$

23 $2\dfrac{1}{13} - \dfrac{15}{26}$

24 $4\dfrac{5}{14} - 3\dfrac{18}{35}$

25 $5\dfrac{11}{30} - 2\dfrac{23}{60}$

26 $2\dfrac{4}{9} - \dfrac{7}{12}$

27 $13\dfrac{7}{10} - 3\dfrac{7}{9}$

28 $6\dfrac{7}{33} - 1\dfrac{8}{9}$

29 $3\dfrac{1}{12} - \dfrac{7}{10}$

30 $11\dfrac{1}{13} - 4\dfrac{1}{3}$

31 $8\dfrac{2}{13} - 1\dfrac{3}{4}$

32 $3\dfrac{1}{14} - \dfrac{3}{7}$

33 $7\dfrac{4}{9} - 2\dfrac{11}{18}$

34 $4\dfrac{7}{10} - 1\dfrac{11}{12}$

35 $14\dfrac{6}{11} - 3\dfrac{21}{22}$

36 $10\dfrac{1}{12} - 8\dfrac{19}{24}$

스스로 평가 😄 🙂 😞

4일 반복

분모가 다른 분수의 뺄셈(3)

도전! 22분!

계산해 보세요.

1 $2\frac{2}{3}-\frac{7}{8}$

2 $5\frac{3}{11}-2\frac{3}{4}$

3 $6\frac{5}{27}-2\frac{13}{18}$

4 $3\frac{1}{6}-\frac{4}{15}$

5 $8\frac{4}{21}-1\frac{15}{28}$

6 $4\frac{3}{8}-1\frac{5}{12}$

7 $9\frac{2}{5}-\frac{7}{12}$

8 $4\frac{2}{3}-3\frac{7}{9}$

9 $7\frac{3}{4}-4\frac{11}{12}$

10 $2\frac{3}{8}-\frac{11}{14}$

11 $9\frac{1}{6}-2\frac{11}{21}$

12 $6\frac{5}{12}-3\frac{23}{30}$

13 $4\frac{5}{7}-\frac{13}{14}$

14 $7\frac{17}{48}-1\frac{21}{32}$

15 $6\frac{2}{3}-1\frac{9}{10}$

16 $9\frac{5}{14}-3\frac{3}{4}$

17 $11\frac{2}{5}-3\frac{9}{14}$

18 $6\frac{7}{24}-1\frac{11}{18}$

계산해 보세요.

19 $3\frac{2}{9}-\frac{19}{21}$

20 $2\frac{17}{35}-1\frac{13}{14}$

21 $7\frac{7}{11}-4\frac{7}{8}$

22 $6\frac{3}{16}-2\frac{5}{6}$

23 $8\frac{9}{16}-5\frac{23}{40}$

24 $8\frac{5}{14}-\frac{2}{3}$

25 $9\frac{3}{14}-1\frac{6}{7}$

26 $8\frac{2}{9}-1\frac{17}{27}$

27 $5\frac{4}{35}-3\frac{7}{10}$

28 $7\frac{2}{11}-2\frac{7}{9}$

29 $8\frac{3}{10}-\frac{11}{12}$

30 $7\frac{2}{13}-4\frac{1}{3}$

31 $9\frac{1}{4}-7\frac{5}{13}$

32 $7\frac{15}{32}-3\frac{7}{12}$

33 $7\frac{1}{10}-2\frac{7}{16}$

34 $12\frac{5}{12}-8\frac{19}{24}$

35 $9\frac{2}{9}-4\frac{23}{30}$

36 $10\frac{6}{11}-7\frac{21}{22}$

스스로 평가

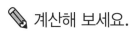

분모가 다른 분수의 뺄셈(3)

도전! 12분!

빈 곳에 알맞은 수를 써넣으세요.

1 | $7\frac{2}{15}$ | $-5\frac{5}{6}$ | (빈칸)

2 | $11\frac{1}{4}$ | $-9\frac{5}{6}$ | (빈칸)

3 | $9\frac{5}{16}$ | $-2\frac{3}{4}$ | (빈칸)

4 | $4\frac{7}{20}$ | $-1\frac{14}{15}$ | (빈칸)

5 | $7\frac{1}{5}$ | $-4\frac{1}{3}$ | (빈칸)

6 | $5\frac{3}{14}$ | $-\frac{16}{21}$ | (빈칸)

7 | $5\frac{7}{12}$ | $-3\frac{13}{18}$ | (빈칸)

8 | $8\frac{2}{9}$ | $-4\frac{8}{27}$ | (빈칸)

9 | $6\frac{3}{32}$ | $-5\frac{11}{12}$ | (빈칸)

10 | $2\frac{13}{24}$ | $-\frac{11}{16}$ | (빈칸)

빈 곳에 두 수의 차를 써넣으세요.

11

$2\frac{2}{3}$	
$\frac{4}{5}$	

12

$1\frac{2}{5}$	
$\frac{5}{8}$	

13

$8\frac{9}{14}$	
$3\frac{7}{8}$	

14

$9\frac{7}{8}$	
$4\frac{9}{10}$	

15

$4\frac{3}{4}$	
$3\frac{7}{10}$	

16

$10\frac{5}{6}$	
$3\frac{11}{12}$	

17

$10\frac{6}{7}$	
$4\frac{9}{10}$	

18

$5\frac{2}{3}$	
$2\frac{6}{7}$	

19

$14\frac{1}{8}$	
$\frac{7}{10}$	

20

$7\frac{5}{6}$	
$1\frac{17}{18}$	

스스로 평가

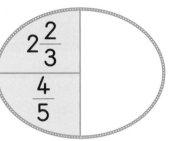

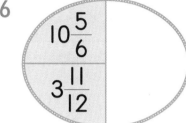

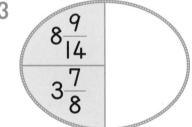

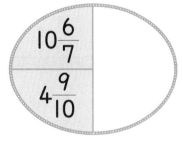

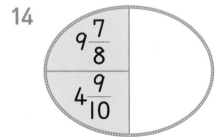

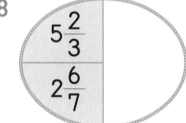

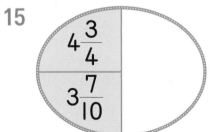

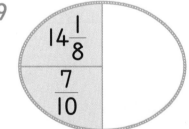

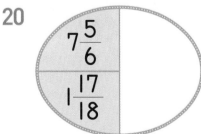

✎ 세아는 집에 있던 재료로 우유 식빵을 만들었습니다. 식빵을 만들고 남은 재료의 양을 각각 구해 보세요.

〈처음 있던 재료의 양〉

우유	$2\frac{2}{5}$컵
밀가루	$5\frac{1}{2}$컵
버터	$2\frac{1}{4}$개

〈사용한 재료의 양〉

우유	$1\frac{3}{4}$컵
밀가루	$2\frac{2}{3}$컵
버터	$1\frac{2}{5}$개

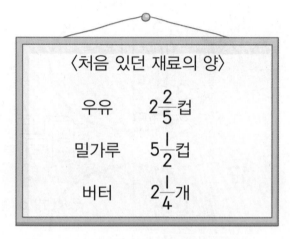

우유 식빵을 만들고 났더니

우유는 $2\frac{2}{5}-1\frac{3}{4}=$ □ (컵),

밀가루는 $5\frac{1}{2}-2\frac{2}{3}=$ □ (컵),

버터는 $2\frac{1}{4}-1\frac{2}{5}=$ □ (개)가 남았어.

✎ 마을과 마을 사이의 거리를 보고 지수와 혜원이의 대화를 완성해 보세요.

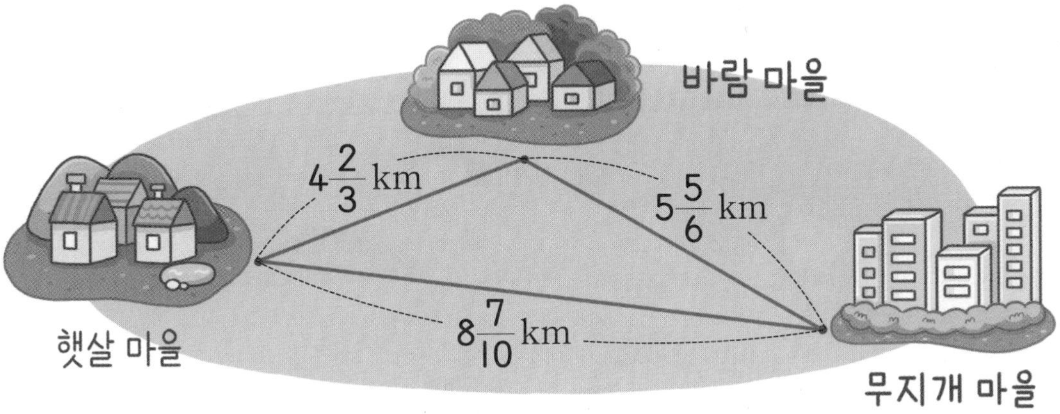

혜원아, 너희 집 무지개 마을에 있지?
나는 햇살 마을에 사는데 여기서 무지개 마을까지
거리는 몇 km일까?

음, 햇살 마을에서 바람 마을을 거쳐서 무지개 마을에 오면
$\square + \square = \square$ (km)야.

햇살 마을에서 무지개 마을에 바로 오는 길은 $8\frac{7}{10}$ km야.

바람 마을을 거쳐서 가는 것보다 바로 가는 것이
$\square - 8\frac{7}{10} = \square$ (km) 더 가깝구나!

6주 개념

분수와 자연수의 곱셈

수진이네 가족들은 감귤 농장에 가서 감귤을 땄습니다. 감귤을 한 봉지에 $\frac{1}{3}$ kg 씩 6개의 봉지에 똑같이 담았다면 수진이네 가족이 딴 감귤은 모두 몇 kg인가요?

한 봉지에 담은 감귤의 무게에 봉지 수를 곱합니다.

$\frac{1}{3}\times6$은 $\frac{1}{3}$을 6번 더한 것과 같습니다.

$$\frac{1}{3}\times6=\frac{1}{3}+\frac{1}{3}+\frac{1}{3}+\frac{1}{3}+\frac{1}{3}+\frac{1}{3}=\frac{6}{3}=2$$

(진분수)×(자연수)는 분모는 그대로 두고 분자와 자연수를 곱합니다.

(한 봉지에 담은 감귤의 무게)×(봉지 수)

$$=\frac{1}{3}\times6=\frac{1\times6}{3}=\frac{6}{3}=2$$

$\frac{1}{3}\times6=2$이므로 수진이네 가족이 딴 감귤은 모두 2 kg이에요.

학습계획

일차	1일 학습	2일 학습	3일 학습	4일 학습	5일 학습
공부할 날	월 일	월 일	월 일	월 일	월 일

(진분수)×(자연수) $\frac{5}{8}\times 4$ 계산하기

방법 1 분자와 자연수의 곱을 구한 다음 약분하여 계산하기

$$\frac{5}{8}\times 4=\frac{5\times 4}{8}=\frac{\overset{5}{\cancel{20}}}{\underset{2}{\cancel{8}}}=\frac{5}{2}=2\frac{1}{2}$$

방법 2 분자와 자연수의 곱을 구하는 과정에서 약분하여 계산하기

$$\frac{5}{8}\times 4=\frac{5\times \overset{1}{\cancel{4}}}{\underset{2}{\cancel{8}}}=\frac{5}{2}=2\frac{1}{2}$$

방법 3 주어진 곱셈에서 바로 약분하여 계산하기

$$\frac{5}{\underset{2}{\cancel{8}}}\times \overset{1}{\cancel{4}}=\frac{5}{2}=2\frac{1}{2}$$

(대분수)×(자연수) $1\frac{1}{5}\times 3$ 계산하기

방법 1 대분수를 자연수 부분과 진분수 부분으로 나누어 계산하기

$$1\frac{1}{5}\times 3=\left(1+\frac{1}{5}\right)\times 3=(1\times 3)+\left(\frac{1}{5}\times 3\right)=3+\frac{3}{5}=3\frac{3}{5}$$

방법 2 대분수를 가분수로 나타내어 계산하기

$$1\frac{1}{5}\times 3=\frac{6}{5}\times 3=\frac{18}{5}=3\frac{3}{5}$$

개념 쏙쏙 노트

- (진분수)×(자연수)
  분모는 그대로 두고 분자와 자연수를 곱합니다.
- (대분수)×(자연수)
  대분수를 자연수 부분과 진분수 부분으로 나누어 자연수와 자연수의 곱에 진분수와 자연수의 곱을 더하거나 대분수를 가분수로 나타내어 (진분수)×(자연수)와 같은 방법으로 계산합니다.

1일 연습 분수와 자연수의 곱셈

도전! 10분!

✎ 분수의 곱셈을 하고, 기약분수로 나타내세요.

1 $\frac{1}{3}\times 6$

2 $\frac{16}{3}\times 12$

3 $\frac{2}{5}\times 3$

4 $\frac{7}{6}\times 12$

5 $\frac{8}{5}\times 9$

6 $\frac{3}{14}\times 2$

7 $\frac{5}{27}\times 5$

8 $1\frac{1}{2}\times 4$

9 $2\frac{1}{4}\times 2$

10 $1\frac{4}{5}\times 3$

11 $3\frac{3}{8}\times 12$

12 $1\frac{4}{9}\times 6$

13 $2\frac{2}{9}\times 3$

14 $1\frac{1}{14}\times 7$

분수의 곱셈을 하고, 기약분수로 나타내세요.

15 $35 \times \frac{1}{7}$

16 $24 \times \frac{3}{8}$

17 $9 \times \frac{11}{36}$

18 $30 \times \frac{5}{14}$

19 $7 \times \frac{5}{42}$

20 $54 \times \frac{3}{4}$

21 $3 \times \frac{7}{23}$

22 $8 \times 1\frac{3}{16}$

23 $15 \times 3\frac{2}{3}$

24 $12 \times 1\frac{1}{6}$

25 $2 \times 3\frac{3}{5}$

26 $8 \times 3\frac{1}{6}$

27 $9 \times 1\frac{5}{18}$

28 $16 \times 1\frac{1}{6}$

스스로 평가

2일 반복

분수와 자연수의 곱셈

도전! 10분!

분수의 곱셈을 하고, 기약분수로 나타내세요.

1 $\frac{9}{4} \times 36$

2 $\frac{2}{13} \times 52$

3 $\frac{7}{40} \times 25$

4 $\frac{16}{13} \times 39$

5 $\frac{13}{63} \times 35$

6 $\frac{8}{45} \times 27$

7 $\frac{1}{18} \times 36$

8 $2\frac{2}{9} \times 2$

9 $3\frac{2}{3} \times 6$

10 $1\frac{5}{12} \times 15$

11 $1\frac{3}{8} \times 32$

12 $3\frac{3}{4} \times 2$

13 $1\frac{5}{33} \times 22$

14 $4\frac{1}{9} \times 3$

분수의 곱셈을 하고, 기약분수로 나타내세요.

15 $49 \times \frac{1}{7}$

16 $81 \times \frac{5}{36}$

17 $16 \times \frac{3}{4}$

18 $24 \times \frac{5}{72}$

19 $42 \times \frac{9}{14}$

20 $15 \times \frac{7}{20}$

21 $45 \times \frac{7}{25}$

22 $5 \times 1\frac{2}{13}$

23 $36 \times 2\frac{1}{9}$

24 $8 \times 1\frac{3}{13}$

25 $7 \times 1\frac{3}{28}$

26 $20 \times 1\frac{4}{15}$

27 $28 \times 2\frac{3}{7}$

28 $45 \times 1\frac{5}{9}$

스스로 평가

분수와 자연수의 곱셈

✎ 분수의 곱셈을 하고, 기약분수로 나타내세요.

1 $1\frac{2}{7}\times 4$

2 $\frac{23}{72}\times 40$

3 $\frac{7}{36}\times 18$

4 $3\frac{2}{11}\times 2$

5 $\frac{5}{24}\times 54$

6 $1\frac{1}{35}\times 14$

7 $\frac{1}{21}\times 63$

8 $\frac{7}{30}\times 25$

9 $1\frac{1}{4}\times 28$

10 $2\frac{1}{16}\times 32$

11 $\frac{6}{35}\times 14$

12 $\frac{11}{12}\times 8$

13 $1\frac{2}{15}\times 12$

14 $2\frac{1}{13}\times 26$

6주

분수의 곱셈을 하고, 기약분수로 나타내세요.

15 $34 \times \frac{3}{17}$

16 $16 \times 1\frac{5}{32}$

17 $11 \times \frac{25}{33}$

18 $4 \times 2\frac{3}{20}$

19 $12 \times 1\frac{5}{8}$

20 $72 \times \frac{3}{36}$

21 $28 \times \frac{15}{91}$

22 $6 \times 1\frac{2}{9}$

23 $9 \times \frac{13}{18}$

24 $36 \times \frac{7}{54}$

25 $5 \times 2\frac{4}{7}$

26 $85 \times \frac{2}{35}$

27 $12 \times 1\frac{1}{18}$

28 $4 \times 1\frac{2}{15}$

스스로 평가

4일 반복 분수와 자연수의 곱셈

도전! 10분!

분수의 곱셈을 하고, 기약분수로 나타내세요.

1 $1\frac{3}{8}\times 4$

2 $\frac{1}{24}\times 96$

3 $\frac{7}{60}\times 84$

4 $3\frac{1}{8}\times 6$

5 $\frac{10}{31}\times 2$

6 $1\frac{2}{15}\times 30$

7 $2\frac{3}{4}\times 6$

8 $\frac{7}{45}\times 55$

9 $1\frac{1}{9}\times 15$

10 $\frac{19}{66}\times 11$

11 $1\frac{4}{13}\times 5$

12 $\frac{15}{28}\times 84$

13 $1\frac{9}{11}\times 3$

14 $3\frac{3}{4}\times 16$

공부한 날 월 일 | 맞힌 개수 개 | 걸린 시간 분

✎ 분수의 곱셈을 하고, 기약분수로 나타내세요.

15 $24 \times 2\frac{1}{12}$

16 $7 \times \frac{5}{49}$

17 $8 \times \frac{7}{15}$

18 $12 \times 1\frac{5}{18}$

19 $9 \times 1\frac{5}{12}$

20 $4 \times \frac{17}{52}$

21 $12 \times \frac{23}{36}$

22 $60 \times \frac{5}{42}$

23 $20 \times 1\frac{1}{16}$

24 $5 \times 1\frac{3}{25}$

25 $44 \times \frac{11}{64}$

26 $85 \times \frac{3}{17}$

27 $21 \times 1\frac{4}{63}$

28 $54 \times 2\frac{2}{27}$

6주

스스로 평가

5일 응용 분수와 자연수의 곱셈

도전! 8분!

빈 곳에 알맞은 수를 써넣으세요.

1 $\frac{5}{32}$ $\times 8$ → ☐

2 $1\frac{2}{9}$ $\times 54$ → ☐

3 $\frac{11}{42}$ $\times 12$ → ☐

4 $\frac{17}{54}$ $\times 3$ → ☐

5 $1\frac{7}{25}$ $\times 5$ → ☐

6 $1\frac{2}{13}$ $\times 52$ → ☐

7 $\frac{13}{98}$ $\times 28$ → ☐

8 $4\frac{5}{16}$ $\times 4$ → ☐

9 $\frac{1}{8}$ $\times 96$ → ☐

10 $1\frac{3}{4}$ $\times 6$ → ☐

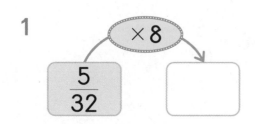

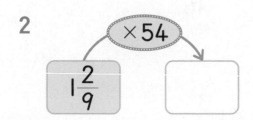

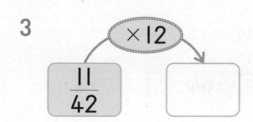

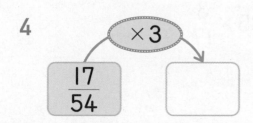

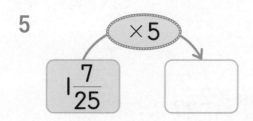

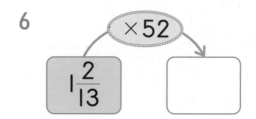

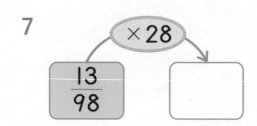

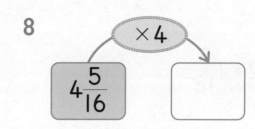

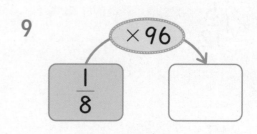

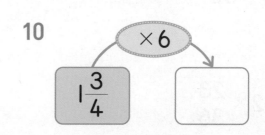

빈 곳에 알맞은 수를 써넣으세요.

11 ×

7	$\frac{11}{21}$	

12 ×

54	$2\frac{1}{27}$	

13 ×

48	$\frac{5}{18}$	

14 ×

20	$1\frac{11}{30}$	

15 ×

81	$\frac{7}{45}$	

16 ×

16	$1\frac{5}{12}$	

17 ×

9	$\frac{4}{13}$	

18 ×

35	$\frac{20}{63}$	

19 ×

28	$1\frac{3}{8}$	

20 ×

18	$1\frac{2}{45}$	

스스로 평가

6주 생각 수학

친구들이 마신 음료수 양을 구해 알맞게 선으로 이어 보세요.

난 2L 음료수의 $\frac{3}{4}$만큼 마셨어.

난 2L 음료수의 $\frac{2}{5}$만큼 마셨어.

난 2L 음료수의 $\frac{5}{8}$만큼 마셨어.

난 2L 음료수의 $\frac{7}{12}$만큼 마셨어.

✎ 어느 과일 가게에서 하루에 판 과일의 수를 나타낸 것입니다. 하루에 판 과일의 수를 각각 구해 보세요.

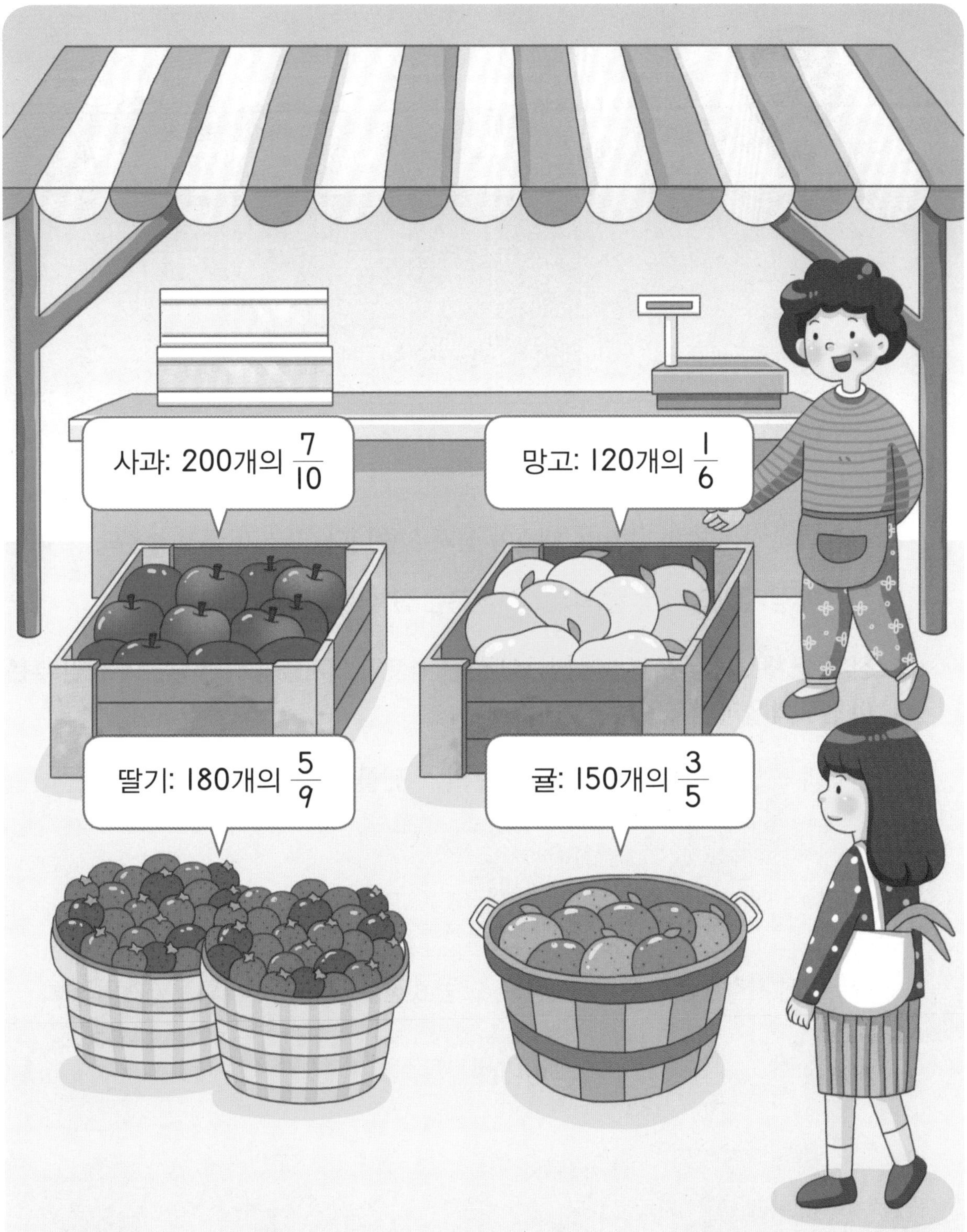

사과: [ ]개, 망고: [ ]개, 딸기: [ ]개, 귤: [ ]개

7주 개념

분수의 곱셈 (1)

미란이네 집 텃밭의 $\frac{4}{5}$에는 채소가 심겨 있습니다. 채소가 심긴 부분의 $\frac{1}{4}$에는 당근이 심겨 있습니다. 당근이 심긴 부분은 전체의 얼마인가요?

전체 중 채소가 심긴 부분에 당근이 심긴 부분의 크기를 곱하면 당근이 심긴 부분이 전체의 얼마인지 알 수 있습니다.

전체의 $\frac{4}{5}$만큼 색칠한 후 색칠한 부분의 $\frac{1}{4}$만큼 빗금을 긋습니다.

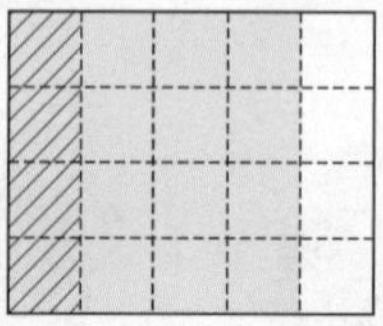

나누어진 사각형은 모두 20개이고, 그중 빗금을 그은 정사각형은 4개이므로

전체의 $\frac{4}{5}\times\frac{1}{4}=\frac{\overset{1}{\cancel{4}}}{\underset{5}{\cancel{20}}}=\frac{1}{5}$입니다.

$\frac{4}{5}\times\frac{1}{4}=\frac{1}{5}$이므로 당근이 심긴 부분은 전체의 $\frac{1}{5}$이에요.

학습계획

일차	1일 학습	2일 학습	3일 학습	4일 학습	5일 학습
공부할 날	월 일	월 일	월 일	월 일	월 일

(단위분수)×(단위분수)

$\frac{1}{2}$의 $\frac{1}{4}$ ➡ $\frac{1}{2}\times\frac{1}{4}=\frac{1}{2\times4}=\frac{1}{8}$

→ 분자는 1로 두고 분모끼리 곱해요.

(진분수)×(진분수)

• $\frac{2}{5}\times\frac{3}{4}$ 계산하기

방법 1 분자는 분자끼리, 분모는 분모끼리 곱한 후 약분하여 계산하기

$$\frac{2}{5}\times\frac{3}{4}=\frac{2\times3}{5\times4}=\frac{\overset{3}{\cancel{6}}}{\underset{10}{\cancel{20}}}=\frac{3}{10}$$

방법 2 분자는 분자끼리, 분모는 분모끼리 곱하는 과정에서 약분하여 계산하기

$$\frac{2}{5}\times\frac{3}{4}=\frac{\overset{1}{\cancel{2}}\times3}{5\times\underset{2}{\cancel{4}}}=\frac{3}{10}$$

방법 3 주어진 곱셈에서 바로 약분하여 계산하기

$$\frac{\overset{1}{\cancel{2}}}{5}\times\frac{3}{\underset{2}{\cancel{4}}}=\frac{3}{10}$$

(가분수)×(가분수)

$$\frac{\overset{4}{\cancel{8}}}{\underset{1}{\cancel{5}}}\times\frac{\overset{5}{\cancel{25}}}{\underset{3}{\cancel{6}}}=\frac{20}{3}=6\frac{2}{3}$$

→ 계산 결과가 가분수이면 대분수로 나타내요.

개념 쏙쏙 노트

• (진분수)×(진분수)
분모는 분모끼리, 분자는 분자끼리 곱합니다.
이때 약분이 되면 약분하여 계산합니다.

1일 연습 분수의 곱셈(1)

도전! 10분!

분수의 곱셈을 하고, 기약분수로 나타내세요.

1 $\frac{1}{3} \times \frac{1}{7}$

2 $\frac{1}{3} \times \frac{3}{5}$

3 $\frac{1}{3} \times \frac{6}{11}$

4 $\frac{1}{6} \times \frac{1}{4}$

5 $\frac{1}{9} \times \frac{1}{8}$

6 $\frac{24}{29} \times \frac{1}{8}$

7 $\frac{54}{55} \times \frac{1}{6}$

8 $\frac{2}{3} \times \frac{7}{8}$

9 $\frac{3}{5} \times \frac{3}{4}$

10 $\frac{3}{7} \times \frac{5}{8}$

11 $\frac{5}{7} \times \frac{14}{15}$

12 $\frac{7}{9} \times \frac{5}{6}$

13 $\frac{3}{10} \times \frac{4}{9}$

14 $\frac{2}{15} \times \frac{15}{22}$

분수의 곱셈을 하고, 기약분수로 나타내세요.

15 $\frac{4}{3} \times \frac{7}{2}$

16 $\frac{8}{5} \times \frac{5}{3}$

17 $\frac{7}{3} \times \frac{10}{7}$

18 $\frac{9}{4} \times \frac{7}{6}$

19 $\frac{6}{5} \times \frac{8}{5}$

20 $\frac{8}{3} \times \frac{9}{4}$

21 $\frac{9}{4} \times \frac{9}{7}$

22 $\frac{5}{2} \times \frac{7}{4}$

23 $\frac{8}{7} \times \frac{5}{3}$

24 $\frac{9}{4} \times \frac{7}{3}$

25 $\frac{22}{21} \times \frac{14}{11}$

26 $\frac{14}{5} \times \frac{15}{7}$

27 $\frac{5}{3} \times \frac{21}{10}$

28 $\frac{33}{14} \times \frac{35}{11}$

스스로 평가

2일 반복

분수의 곱셈 (1)

도전! 10분!

분수의 곱셈을 하고, 기약분수로 나타내세요.

1 $\frac{1}{3}\times\frac{1}{8}$

2 $\frac{1}{4}\times\frac{1}{6}$

3 $\frac{1}{5}\times\frac{1}{10}$

4 $\frac{1}{6}\times\frac{12}{19}$

5 $\frac{1}{8}\times\frac{2}{7}$

6 $\frac{4}{9}\times\frac{1}{16}$

7 $\frac{15}{17}\times\frac{1}{3}$

8 $\frac{3}{5}\times\frac{6}{7}$

9 $\frac{2}{7}\times\frac{4}{9}$

10 $\frac{5}{8}\times\frac{5}{6}$

11 $\frac{10}{21}\times\frac{7}{25}$

12 $\frac{21}{22}\times\frac{11}{14}$

13 $\frac{10}{33}\times\frac{11}{35}$

14 $\frac{13}{35}\times\frac{15}{26}$

분수의 곱셈을 하고, 기약분수로 나타내세요.

15 $\frac{13}{10} \times \frac{15}{4}$

16 $\frac{10}{7} \times \frac{21}{5}$

17 $\frac{15}{8} \times \frac{32}{9}$

18 $\frac{16}{7} \times \frac{49}{12}$

19 $\frac{9}{2} \times \frac{13}{6}$

20 $\frac{7}{6} \times \frac{27}{2}$

21 $\frac{27}{14} \times \frac{35}{9}$

22 $\frac{8}{7} \times \frac{5}{3}$

23 $\frac{9}{4} \times \frac{9}{5}$

24 $\frac{7}{6} \times \frac{4}{3}$

25 $\frac{21}{5} \times \frac{10}{3}$

26 $\frac{25}{7} \times \frac{21}{10}$

27 $\frac{5}{4} \times \frac{18}{5}$

28 $\frac{35}{6} \times \frac{8}{5}$

스스로 평가

3일 반복

분수의 곱셈(1)

도전! 10분!

분수의 곱셈을 하고, 기약분수로 나타내세요.

1 $\frac{1}{7}\times\frac{1}{13}$

2 $\frac{1}{11}\times\frac{1}{4}$

3 $\frac{36}{7}\times\frac{11}{9}$

4 $\frac{45}{8}\times\frac{18}{5}$

5 $\frac{9}{2}\times\frac{7}{4}$

6 $\frac{55}{57}\times\frac{1}{5}$

7 $\frac{5}{14}\times\frac{7}{15}$

8 $\frac{9}{5}\times\frac{25}{7}$

9 $\frac{1}{27}\times\frac{3}{8}$

10 $\frac{7}{9}\times\frac{5}{8}$

11 $\frac{27}{14}\times\frac{49}{36}$

12 $\frac{15}{4}\times\frac{13}{12}$

13 $\frac{5}{12}\times\frac{18}{35}$

14 $\frac{40}{9}\times\frac{27}{16}$

분수의 곱셈을 하고, 기약분수로 나타내세요.

15 $\frac{1}{5}\times\frac{1}{10}$

16 $\frac{26}{5}\times\frac{25}{12}$

17 $\frac{1}{6}\times\frac{18}{31}$

18 $\frac{25}{16}\times\frac{24}{5}$

19 $\frac{7}{6}\times\frac{33}{7}$

20 $\frac{4}{5}\times\frac{1}{48}$

21 $\frac{4}{15}\times\frac{5}{14}$

22 $\frac{8}{3}\times\frac{17}{6}$

23 $\frac{3}{5}\times\frac{2}{11}$

24 $\frac{26}{21}\times\frac{18}{13}$

25 $\frac{3}{13}\times\frac{4}{5}$

26 $\frac{14}{5}\times\frac{4}{3}$

27 $\frac{26}{29}\times\frac{1}{13}$

28 $\frac{11}{6}\times\frac{15}{22}$

스스로 평가

반복 4일

분수의 곱셈(1)

도전! 10분!

분수의 곱셈을 하고, 기약분수로 나타내세요.

1 $\frac{3}{7}\times\frac{4}{5}$

2 $\frac{49}{30}\times\frac{50}{7}$

3 $\frac{2}{3}\times\frac{5}{13}$

4 $\frac{11}{5}\times\frac{15}{2}$

5 $\frac{36}{25}\times\frac{55}{8}$

6 $\frac{5}{24}\times\frac{8}{15}$

7 $\frac{11}{15}\times\frac{2}{5}$

8 $\frac{23}{18}\times\frac{42}{23}$

9 $\frac{7}{55}\times\frac{15}{28}$

10 $\frac{72}{13}\times\frac{29}{24}$

11 $\frac{5}{18}\times\frac{21}{40}$

12 $\frac{23}{18}\times\frac{57}{23}$

13 $\frac{32}{39}\times\frac{13}{44}$

14 $\frac{36}{13}\times\frac{65}{54}$

7주

분수의 곱셈을 하고, 기약분수로 나타내세요.

15 $\frac{5}{7}\times\frac{1}{10}$

16 $\frac{35}{13}\times\frac{39}{10}$

17 $\frac{1}{24}\times\frac{3}{8}$

18 $\frac{1}{9}\times\frac{5}{6}$

19 $\frac{26}{11}\times\frac{33}{14}$

20 $\frac{1}{4}\times\frac{3}{13}$

21 $\frac{1}{10}\times\frac{9}{11}$

22 $\frac{14}{5}\times\frac{7}{3}$

23 $\frac{12}{11}\times\frac{77}{24}$

24 $\frac{9}{25}\times\frac{1}{18}$

25 $\frac{20}{7}\times\frac{9}{10}$

26 $\frac{11}{8}\times\frac{16}{7}$

27 $\frac{18}{35}\times\frac{1}{6}$

28 $\frac{63}{10}\times\frac{15}{7}$

스스로 평가

분수의 곱셈(1)

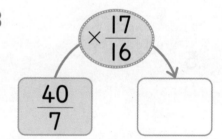

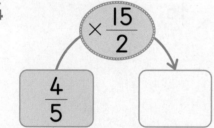

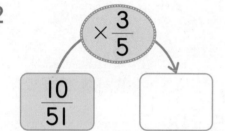

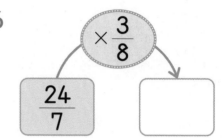

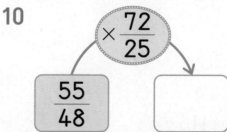

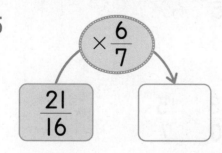

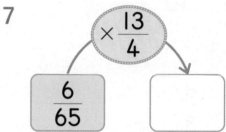

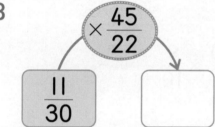

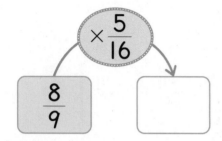

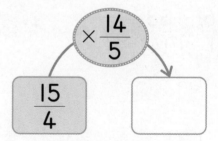

빈 곳에 알맞은 수를 써넣으세요.

1. $\frac{8}{9}$ → $\times \frac{5}{16}$ → □

2. $\frac{10}{51}$ → $\times \frac{3}{5}$ → □

3. $\frac{11}{30}$ → $\times \frac{45}{22}$ → □

4. $\frac{4}{5}$ → $\times \frac{15}{2}$ → □

5. $\frac{21}{16}$ → $\times \frac{6}{7}$ → □

6. $\frac{24}{7}$ → $\times \frac{3}{8}$ → □

7. $\frac{6}{65}$ → $\times \frac{13}{4}$ → □

8. $\frac{40}{7}$ → $\times \frac{17}{16}$ → □

9. $\frac{15}{4}$ → $\times \frac{14}{5}$ → □

10. $\frac{55}{48}$ → $\times \frac{72}{25}$ → □

✎ 두 수의 곱을 빈 곳에 써넣으세요.

11

$\frac{6}{7}$	$\frac{4}{9}$

12

$\frac{1}{32}$	$\frac{4}{9}$

13

$\frac{7}{15}$	$\frac{5}{21}$

14

$\frac{2}{13}$	$\frac{39}{4}$

15

$\frac{7}{30}$	$\frac{90}{7}$

16

$\frac{66}{13}$	$\frac{2}{11}$

17

$\frac{75}{16}$	$\frac{8}{15}$

18

$\frac{33}{4}$	$\frac{45}{22}$

19

$\frac{57}{10}$	$\frac{25}{19}$

20

$\frac{44}{39}$	$\frac{91}{12}$

스스로 평가

7주 생각 수학

✎ 지훈이와 성현이가 서로 시험지를 바꾸어 채점했습니다. 맞힌 문제에는 ◯표, 틀린 문제에는 ✓표 하세요.

5학년 2반 이름: 박지훈

1. $\frac{3}{4}\times\frac{2}{5}=\frac{3}{10}$
2. $\frac{1}{6}\times\frac{3}{5}=\frac{1}{5}$
3. $\frac{2}{9}\times\frac{3}{4}=\frac{1}{6}$
4. $\frac{5}{12}\times\frac{3}{10}=\frac{2}{8}$
5. $\frac{5}{6}\times\frac{7}{10}=\frac{7}{12}$

5학년 2반 이름: 김성현

1. $\frac{1}{6}\times\frac{3}{8}=\frac{1}{16}$
2. $\frac{7}{12}\times\frac{3}{8}=\frac{5}{32}$
3. $\frac{4}{7}\times\frac{3}{8}=\frac{3}{14}$
4. $\frac{3}{14}\times\frac{7}{6}=\frac{1}{3}$
5. $\frac{4}{5}\times\frac{3}{16}=\frac{3}{20}$

두 수의 곱이 1보다 큰 것에 모두 ○표 하세요.

$\dfrac{14}{5} \times \dfrac{1}{7}$

$\dfrac{5}{6} \times \dfrac{14}{9}$

$\dfrac{3}{7} \times \dfrac{20}{9}$

$\dfrac{4}{5} \times \dfrac{15}{8}$

$\dfrac{21}{10} \times \dfrac{2}{7}$

$\dfrac{4}{3} \times \dfrac{6}{5}$

$\dfrac{2}{9} \times \dfrac{9}{4}$

$\dfrac{5}{6} \times \dfrac{12}{11}$

8주 개념

분수의 곱셈(2)

승현이가 가지고 있는 영어 사전의 무게는 $2\frac{1}{4}$ kg이고, 국어사전의 무게는 영어 사전 무게의 $1\frac{2}{3}$배입니다. 승현이가 가지고 있는 국어사전의 무게는 몇 kg인가요?

영어 사전의 무게에 $1\frac{2}{3}$를 곱하면 국어사전의 무게를 구할 수 있습니다.

$2\frac{1}{4} \times 1\frac{2}{3}$를 계산할 때 대분수를 가분수로 나타내어 계산할 수 있습니다.

$2\frac{1}{4}$을 가분수로 나타내면 $\frac{9}{4}$이고, $1\frac{2}{3}$를 가분수로 나타내면 $\frac{5}{3}$입니다.

(가분수)×(가분수)는 (진분수)×(진분수)와 같은 방법으로 계산합니다.

$$2\frac{1}{4} \times 1\frac{2}{3} = \frac{\overset{3}{\cancel{9}}}{4} \times \frac{5}{\underset{1}{\cancel{3}}} = \frac{15}{4} = 3\frac{3}{4}$$

$2\frac{1}{4} \times 1\frac{2}{3} = 3\frac{3}{4}$이므로 승현이가 가지고 있는 국어사전의 무게는 $3\frac{3}{4}$ kg이에요.

학습계획

일차	1일 학습	2일 학습	3일 학습	4일 학습	5일 학습
공부할 날	월 일	월 일	월 일	월 일	월 일

(대분수)×(대분수) 알아보기

• $2\frac{2}{5}\times1\frac{3}{4}$ 알아보기

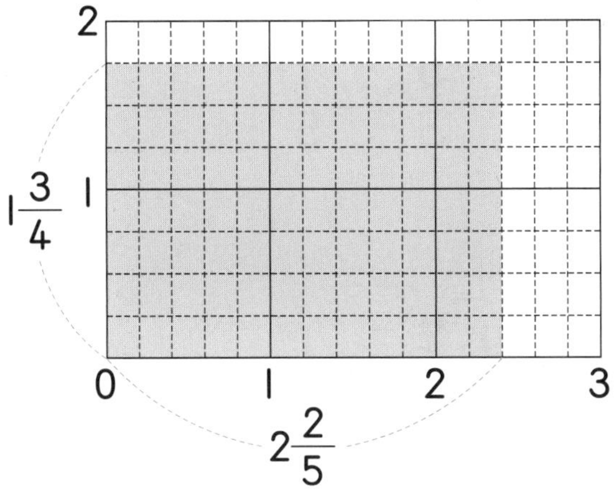

작은 모눈 한 칸의 크기는 $\frac{1}{20}$이고,
색칠한 부분은 작은 모눈 84칸입니다.
따라서 색칠한 부분은
$\frac{84}{20}=\frac{21}{5}=4\frac{1}{5}$입니다.

➡ $2\frac{2}{5}\times1\frac{3}{4}=4\frac{1}{5}$

(대분수)×(대분수) 계산하기

• $1\frac{3}{5}\times3\frac{1}{4}$ 계산하기

대분수를 가분수로 나타내어 계산합니다.

$$1\frac{3}{5}\times3\frac{1}{4}=\frac{\overset{2}{\cancel{8}}}{5}\times\frac{13}{\underset{1}{\cancel{4}}}=\frac{26}{5}=5\frac{1}{5}$$

개념 쏙쏙 노트

• (대분수)×(대분수)
대분수를 가분수로 나타내어 (진분수)×(진분수)와 같은 방법으로 계산합니다.
대분수 상태에서 약분하지 않도록 주의해야 합니다.

분수의 곱셈(2)

도전! 13분!

✎ 분수의 곱셈을 하고, 기약분수로 나타내세요.

1 $\frac{1}{2}\times1\frac{1}{4}$

2 $\frac{1}{4}\times2\frac{1}{2}$

3 $\frac{1}{6}\times2\frac{2}{3}$

4 $\frac{1}{6}\times4\frac{3}{5}$

5 $\frac{1}{7}\times2\frac{3}{5}$

6 $\frac{1}{8}\times3\frac{1}{5}$

7 $\frac{1}{9}\times2\frac{3}{4}$

8 $\frac{5}{3}\times1\frac{1}{6}$

9 $\frac{5}{3}\times4\frac{1}{5}$

10 $\frac{7}{4}\times2\frac{1}{2}$

11 $\frac{9}{4}\times1\frac{3}{5}$

12 $\frac{2}{5}\times2\frac{6}{7}$

13 $\frac{3}{5}\times2\frac{3}{4}$

14 $\frac{4}{5}\times1\frac{3}{5}$

분수의 곱셈을 하고, 기약분수로 나타내세요.

15 $1\frac{1}{2} \times 1\frac{2}{3}$

16 $1\frac{5}{7} \times 2\frac{1}{3}$

17 $2\frac{3}{4} \times 2\frac{2}{3}$

18 $2\frac{1}{2} \times 2\frac{1}{3}$

19 $1\frac{3}{7} \times 1\frac{5}{6}$

20 $1\frac{7}{8} \times 3\frac{1}{5}$

21 $1\frac{3}{4} \times 1\frac{3}{14}$

22 $1\frac{5}{6} \times 2\frac{3}{11}$

23 $1\frac{3}{10} \times 2\frac{3}{13}$

24 $2\frac{1}{6} \times 4\frac{1}{2}$

25 $2\frac{1}{4} \times 1\frac{5}{6}$

26 $6\frac{2}{3} \times 2\frac{7}{10}$

27 $1\frac{4}{5} \times 2\frac{3}{5}$

28 $4\frac{1}{2} \times 3\frac{2}{9}$

스스로 평가

2일 반복

분수의 곱셈(2)

도전! 13분!

✎ 분수의 곱셈을 하고, 기약분수로 나타내세요.

1 $\frac{1}{3}\times2\frac{2}{5}$

2 $\frac{1}{3}\times2\frac{3}{8}$

3 $\frac{1}{6}\times5\frac{1}{2}$

4 $\frac{1}{7}\times4\frac{1}{2}$

5 $\frac{1}{18}\times1\frac{1}{8}$

6 $\frac{1}{24}\times2\frac{2}{5}$

7 $\frac{5}{3}\times1\frac{5}{6}$

8 $\frac{5}{4}\times1\frac{2}{7}$

9 $\frac{3}{5}\times3\frac{4}{7}$

10 $\frac{16}{5}\times6\frac{1}{4}$

11 $\frac{18}{5}\times1\frac{7}{9}$

12 $\frac{5}{7}\times4\frac{2}{3}$

13 $\frac{9}{25}\times3\frac{3}{4}$

14 $\frac{23}{52}\times2\frac{3}{5}$

분수의 곱셈을 하고, 기약분수로 나타내세요.

15 $3\frac{1}{5}\times3\frac{13}{24}$

16 $5\frac{3}{4}\times3\frac{1}{3}$

17 $3\frac{2}{3}\times2\frac{3}{22}$

18 $3\frac{2}{5}\times1\frac{11}{34}$

19 $1\frac{31}{35}\times4\frac{2}{3}$

20 $3\frac{3}{4}\times1\frac{2}{3}$

21 $3\frac{3}{20}\times1\frac{3}{7}$

22 $3\frac{1}{3}\times5\frac{1}{2}$

23 $2\frac{4}{7}\times1\frac{5}{9}$

24 $2\frac{1}{10}\times1\frac{5}{14}$

25 $2\frac{7}{16}\times2\frac{2}{3}$

26 $3\frac{3}{4}\times2\frac{3}{10}$

27 $2\frac{2}{9}\times4\frac{1}{5}$

28 $2\frac{5}{8}\times6\frac{2}{3}$

스스로 평가

3일 반복

분수의 곱셈(2)

도전! 13분!

분수의 곱셈을 하고, 기약분수로 나타내세요.

1 $\frac{55}{7} \times 3\frac{9}{11}$

2 $5\frac{3}{7} \times 1\frac{2}{19}$

3 $\frac{49}{3} \times 3\frac{3}{7}$

4 $1\frac{5}{6} \times 3\frac{1}{2}$

5 $\frac{1}{13} \times 5\frac{1}{5}$

6 $\frac{1}{35} \times 2\frac{1}{7}$

7 $3\frac{1}{7} \times 1\frac{16}{33}$

8 $3\frac{1}{3} \times 8\frac{1}{2}$

9 $\frac{34}{3} \times 3\frac{3}{17}$

10 $2\frac{1}{4} \times 2\frac{2}{5}$

11 $\frac{1}{5} \times 6\frac{1}{7}$

12 $\frac{20}{63} \times 4\frac{1}{5}$

13 $3\frac{1}{8} \times 2\frac{8}{15}$

14 $2\frac{1}{3} \times 2\frac{1}{5}$

8주

분수의 곱셈을 하고, 기약분수로 나타내세요.

15 $6\frac{2}{5} \times 1\frac{3}{8}$

16 $\frac{3}{14} \times 1\frac{3}{7}$

17 $5\frac{5}{6} \times 1\frac{13}{14}$

18 $\frac{4}{7} \times 1\frac{4}{9}$

19 $\frac{1}{9} \times 3\frac{1}{5}$

20 $3\frac{6}{25} \times 1\frac{1}{9}$

21 $\frac{1}{5} \times 1\frac{3}{7}$

22 $\frac{1}{20} \times 4\frac{3}{4}$

23 $5\frac{1}{4} \times 2\frac{2}{35}$

24 $\frac{4}{21} \times 1\frac{5}{9}$

25 $3\frac{3}{11} \times 3\frac{5}{24}$

26 $\frac{5}{3} \times 4\frac{3}{4}$

27 $1\frac{1}{9} \times 2\frac{1}{2}$

28 $2\frac{4}{7} \times 3\frac{2}{3}$

스스로 평가

분수의 곱셈(2)

도전! 13분!

분수의 곱셈을 하고, 기약분수로 나타내세요.

1 $\frac{1}{35}\times12\frac{1}{2}$

2 $4\frac{5}{6}\times2\frac{4}{7}$

3 $\frac{4}{7}\times1\frac{5}{9}$

4 $\frac{1}{4}\times2\frac{2}{11}$

5 $7\frac{1}{5}\times2\frac{1}{12}$

6 $3\frac{3}{29}\times9\frac{2}{3}$

7 $\frac{1}{13}\times5\frac{1}{5}$

8 $5\frac{1}{3}\times1\frac{11}{24}$

9 $\frac{1}{20}\times4\frac{2}{7}$

10 $\frac{4}{21}\times1\frac{5}{9}$

11 $3\frac{3}{5}\times2\frac{7}{24}$

12 $\frac{25}{14}\times1\frac{4}{45}$

13 $1\frac{1}{3}\times7\frac{7}{8}$

14 $2\frac{3}{4}\times1\frac{4}{5}$

분수의 곱셈을 하고, 기약분수로 나타내세요.

15 $\frac{5}{18}\times5\frac{2}{5}$

16 $1\frac{7}{12}\times1\frac{1}{3}$

17 $\frac{1}{4}\times2\frac{1}{13}$

18 $\frac{1}{2}\times3\frac{3}{10}$

19 $5\frac{1}{4}\times1\frac{1}{15}$

20 $2\frac{6}{11}\times1\frac{3}{14}$

21 $\frac{30}{7}\times1\frac{5}{18}$

22 $2\frac{3}{8}\times1\frac{1}{3}$

23 $\frac{1}{15}\times3\frac{1}{8}$

24 $5\frac{5}{6}\times1\frac{3}{7}$

25 $4\frac{4}{9}\times5\frac{1}{16}$

26 $\frac{35}{24}\times2\frac{6}{7}$

27 $2\frac{3}{10}\times3\frac{1}{2}$

28 $3\frac{1}{5}\times2\frac{17}{24}$

스스로 평가

5일 응용

분수의 곱셈(2)

도전! 15분!

빈 곳에 알맞은 수를 써넣으세요.

1 $\frac{7}{10}$ | $\times 3\frac{3}{4}$ | ( )

2 $\frac{5}{11}$ | $\times 6\frac{1}{20}$ | ( )

3 $\frac{29}{7}$ | $\times 4\frac{2}{3}$ | ( )

4 $2\frac{1}{16}$ | $\times 4\frac{4}{11}$ | ( )

5 $\frac{17}{15}$ | $\times 6\frac{1}{4}$ | ( )

6 $4\frac{2}{7}$ | $\times 11\frac{2}{3}$ | ( )

7 $\frac{1}{14}$ | $\times 7\frac{7}{13}$ | ( )

8 $3\frac{5}{6}$ | $\times 2\frac{1}{4}$ | ( )

9 $\frac{99}{23}$ | $\times 2\frac{5}{9}$ | ( )

10 $4\frac{3}{8}$ | $\times 2\frac{4}{21}$ | ( )

빈 곳에 알맞은 수를 써넣으세요.

11 $\times 2\frac{1}{3}$

$\frac{6}{5}$	
$2\frac{4}{7}$	

12 $\times 4\frac{2}{5}$

$\frac{3}{11}$	
$3\frac{5}{8}$	

13 $\times 2\frac{10}{13}$

$\frac{39}{25}$	
$2\frac{3}{5}$	

14 $\times 1\frac{6}{7}$

$\frac{4}{13}$	
$1\frac{7}{13}$	

15 $\times 7\frac{1}{2}$

$\frac{17}{30}$	
$1\frac{8}{15}$	

16 $\times 3\frac{2}{3}$

$\frac{12}{25}$	
$2\frac{3}{22}$	

17 $\times 4\frac{8}{15}$

$\frac{5}{136}$	
$3\frac{13}{34}$	

18 $\times 3\frac{1}{23}$

$\frac{1}{10}$	
$5\frac{1}{7}$	

스스로 평가

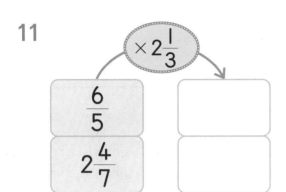

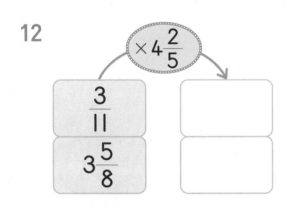

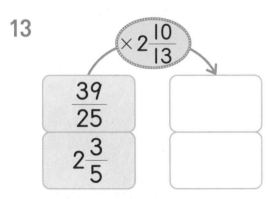

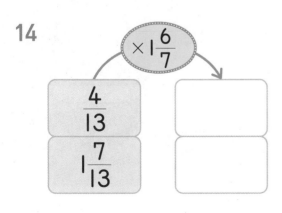

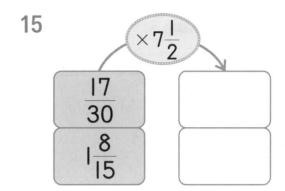

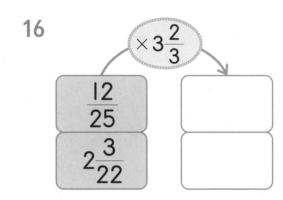

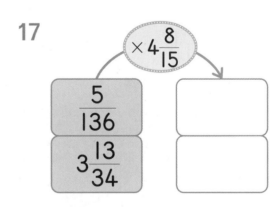

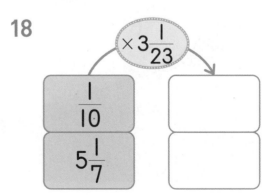

✎ 빈 곳에 알맞은 수를 써넣으며 길을 가 보세요.

✏️ 다음을 보고 성현, 민석, 지원이네 집에서 하루에 마신 물의 양을 각각 구해 보세요.

우리 집은 하루에 물을 $1\frac{3}{5}$ L 마셨어.

우리 집은 유진이네 집이 마신 물의 양의 $2\frac{1}{4}$배를 마셨어.

유진이네

성현이네

우리 집은 성현이네 집이 마신 물의 양의 $1\frac{2}{3}$배를 마셨어.

우리 집은 민석이네 집이 마신 물의 양의 $1\frac{1}{6}$배를 마셨어.

민석이네

지원이네

성현 : $1\dfrac{3}{5} \times 2\dfrac{1}{4} = \boxed{}$ (L)

민석 : $\boxed{} \times 1\dfrac{2}{3} = \boxed{}$ (L)

지원 : $\boxed{} \times \boxed{} = \boxed{}$ (L)

9주 개념

소수와 자연수의 곱셈

재석이는 매일 자전거를 타고 5 km를 달리기로 목표를 세웠습니다. 첫째 날 목표 거리의 0.7배만큼 달렸다면 첫째 날 달린 거리는 몇 km인가요?

목표 거리에 0.7을 곱하면 첫째 날 달린 거리를 구할 수 있습니다.

$5 \times 7 = 35$
$5 \times 0.7 = 3.5$

		5
×		7
	3	5

		5
×	0.	7
	3.	5

➡ 곱하는 수가 $\frac{1}{10}$배가 되면 곱의 결과도 $\frac{1}{10}$배가 됩니다.

$5 \times 0.7 = 3.5$이므로 재석이가 첫째 날 달린 거리는 3.5 km예요.

학습계획

일차	1일 학습	2일 학습	3일 학습	4일 학습	5일 학습
공부할 날	월 일	월 일	월 일	월 일	월 일

(소수) × (자연수)

• 2.36 × 2 계산하기

방법 1 분수의 곱셈으로 나타내어 계산하기

$$2.36 \times 2 = \frac{236}{100} \times 2 = \frac{236 \times 2}{100} = \frac{472}{100} = 4.72$$

방법 2 자연수의 곱셈 이용하기

$$\begin{array}{r} 2.36 \\ \times \quad 2 \\ \hline \end{array} \Rightarrow \begin{array}{r} 236 \\ \times \quad 2 \\ \hline 472 \end{array} \Rightarrow \begin{array}{r} 2.36 \\ \times \quad 2 \\ \hline 4.72 \end{array}$$

(자연수) × (소수)

• 4 × 1.04 계산하기

방법 1 분수의 곱셈으로 나타내어 계산하기

$$4 \times 1.04 = 4 \times \frac{104}{100} = \frac{4 \times 104}{100} = \frac{416}{100} = 4.16$$

방법 2 자연수의 곱셈 이용하기

$$\begin{array}{r} 4 \\ \times \; 1.04 \\ \hline \end{array} \Rightarrow \begin{array}{r} 4 \\ \times \; 104 \\ \hline 416 \end{array} \Rightarrow \begin{array}{r} 4 \\ \times \; 1.04 \\ \hline 4.16 \end{array}$$

개념 쏙쏙 노트

• (소수)×(자연수), (자연수)×(소수) 계산하기

① 자연수의 곱셈과 같은 방법으로 계산합니다.

② 곱해지는 소수의 소수점의 위치와 같게 곱에 소수점을 찍습니다.

소수와 자연수의 곱셈

도전! 13분!

계산해 보세요.

1
$$\begin{array}{r} 0.7 \\ \times \quad 9 \\ \hline \end{array}$$

2
$$\begin{array}{r} 4 \\ \times \quad 6.8 \\ \hline \end{array}$$

3
$$\begin{array}{r} 0.32 \\ \times \quad 56 \\ \hline \end{array}$$

4
$$\begin{array}{r} 5 \\ \times \quad 13.2 \\ \hline \end{array}$$

5
$$\begin{array}{r} 1.1 \\ \times \quad 3 \\ \hline \end{array}$$

6
$$\begin{array}{r} 23 \\ \times \quad 4.1 \\ \hline \end{array}$$

7
$$\begin{array}{r} 3.25 \\ \times \quad 47 \\ \hline \end{array}$$

8
$$\begin{array}{r} 7 \\ \times \quad 2.13 \\ \hline \end{array}$$

9
$$\begin{array}{r} 2.4 \\ \times \quad 5 \\ \hline \end{array}$$

10
$$\begin{array}{r} 58 \\ \times \quad 1.5 \\ \hline \end{array}$$

11
$$\begin{array}{r} 71.2 \\ \times \quad 26 \\ \hline \end{array}$$

12
$$\begin{array}{r} 29 \\ \times \quad 6.24 \\ \hline \end{array}$$

9주

계산해 보세요.

13 7.6×3

19 36×0.56

25 2.21×17

14 2×0.51

20 8.72×13

26 7.63×23

15 2.1×84

21 13×2.87

27 21×6.23

16 14×4.02

22 7.7×2

28 0.72×91

17 9.2×4

23 8.7×2

29 73×0.56

18 0.7×93

24 8.1×51

30 9.43×15

스스로 평가

소수와 자연수의 곱셈

도전! 13분!

계산해 보세요.

1. 0.3×4

2. 0.2×41

3. 72×1.5

4. 7×31.4

5. 0.6×6

6. 1.5×83

7. 91×0.56

8. 29×4.52

9. 1.3×7

10. 0.69×19

11. 47×0.17

12. 34×6.55

계산해 보세요.

13 $\begin{array}{r} 0.3 \\ \times \quad 9 \\ \hline \end{array}$

14 $\begin{array}{r} 4 \\ \times 5.8 \\ \hline \end{array}$

15 $\begin{array}{r} 23.6 \\ \times \quad 17 \\ \hline \end{array}$

16 $\begin{array}{r} 6 \\ \times 5.13 \\ \hline \end{array}$

17 $\begin{array}{r} 0.2 \\ \times \quad 3 \\ \hline \end{array}$

18 $\begin{array}{r} 0.16 \\ \times \quad 29 \\ \hline \end{array}$

19 $\begin{array}{r} 4.62 \\ \times \quad 59 \\ \hline \end{array}$

20 $\begin{array}{r} 48 \\ \times 1.38 \\ \hline \end{array}$

21 $\begin{array}{r} 7.6 \\ \times \quad 2 \\ \hline \end{array}$

22 $\begin{array}{r} 81 \\ \times 0.45 \\ \hline \end{array}$

23 $\begin{array}{r} 8.53 \\ \times \quad 16 \\ \hline \end{array}$

24 $\begin{array}{r} 14 \\ \times 3.64 \\ \hline \end{array}$

25 $\begin{array}{r} 2.9 \\ \times \quad 8 \\ \hline \end{array}$

26 $\begin{array}{r} 0.6 \\ \times 16 \\ \hline \end{array}$

27 $\begin{array}{r} 9.3 \\ \times 41 \\ \hline \end{array}$

28 $\begin{array}{r} 5.12 \\ \times \quad 14 \\ \hline \end{array}$

29 $\begin{array}{r} 0.28 \\ \times \quad 52 \\ \hline \end{array}$

30 $\begin{array}{r} 24 \\ \times 3.16 \\ \hline \end{array}$

스스로 평가

3 반복 일

소수와 자연수의 곱셈

도전! 13분!

계산해 보세요.

1 0.4×2

5 2.7×4

9 5.3×8

2 0.6×23

6 3.7×46

10 4.7×51

3 13×7.5

7 16×8.2

11 78×3.2

4 0.9×165

8 0.72×105

12 29×3.21

✏️ 계산해 보세요.

13 15×2.7

14 32×4.2

15 4×0.38

16 2.1×6

17 2.5×9

18 4.2×54

19 7.32×12

20 2.55×20

21 31×0.8

22 3×0.82

23 73×9.2

24 81×0.41

25 24×4.32

26 52×0.85

4일 반복

소수와 자연수의 곱셈

도전! 13분!

계산해 보세요.

1 0.5×6

2 3.5×15

3 45×1.8

4 2×6.25

5 0.2×9

6 2.7×32

7 82×0.39

8 37×8.26

9 2.4×6

10 0.36×71

11 273×0.49

12 43×7.74

9주

계산해 보세요.

13 5.3×7

14 8×3.7

15 72.6×13

16 0.04×16

17 56×0.78

18 8.93×22

19 723×2.5

20 8.27×24

21 91×0.37

22 7.52×22

23 425×0.3

24 8.17×55

25 52×7.9

26 8.39×16

스스로 평가

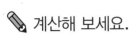

5일 응용 소수와 자연수의 곱셈

도전! 12분!

빈 곳에 알맞은 수를 써넣으세요.

1

0.15	×7	

2

321	×0.2	

3

5.6	×4	

4

4.7	×21	

5

45	×0.6	

6

1.2	×93	

7

15	×2.4	

8

14	×1.22	

9

3.26	×49	

10

0.58	×52	

9주

빈 곳에 알맞은 수를 써넣으세요.

11 (→ ×, ↓ ×)

0.7	5	
4		

12 (→ ×, ↓ ×)

45	0.3	
2.79		

13 (→ ×, ↓ ×)

3.47	12	
25		

14 (→ ×, ↓ ×)

2.9	7	
61		

15 (→ ×, ↓ ×)

7.29	24	
18		

16 (→ ×, ↓ ×)

52	0.73	
2.4		

17 (→ ×, ↓ ×)

0.58	76	
49		

18 (→ ×, ↓ ×)

4.7	23	
69		

스스로 평가

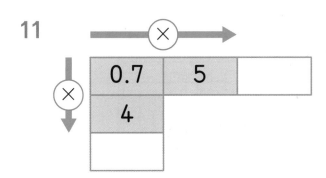

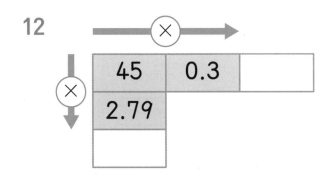

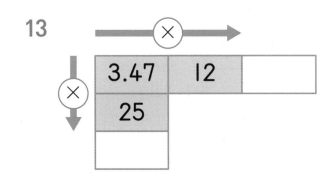

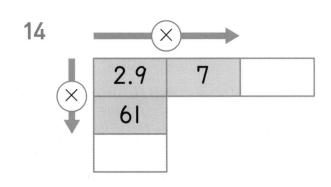

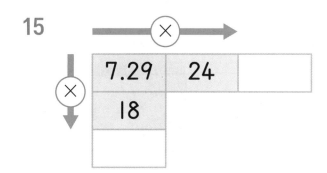

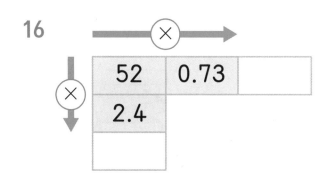

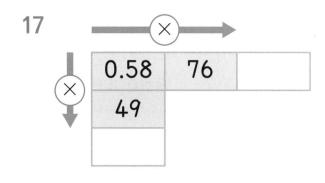

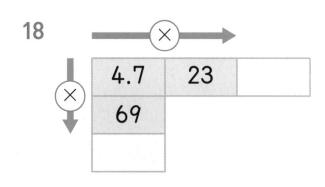

✎ 정아가 학급 문고를 정리했더니 시집은 5권, 과학책은 7권, 동화책은 15권, 사전은 9권이었습니다. 같은 종류의 책은 무게가 모두 같을 때 책 한 권의 무게를 보고 각각의 무게를 구해 보세요.

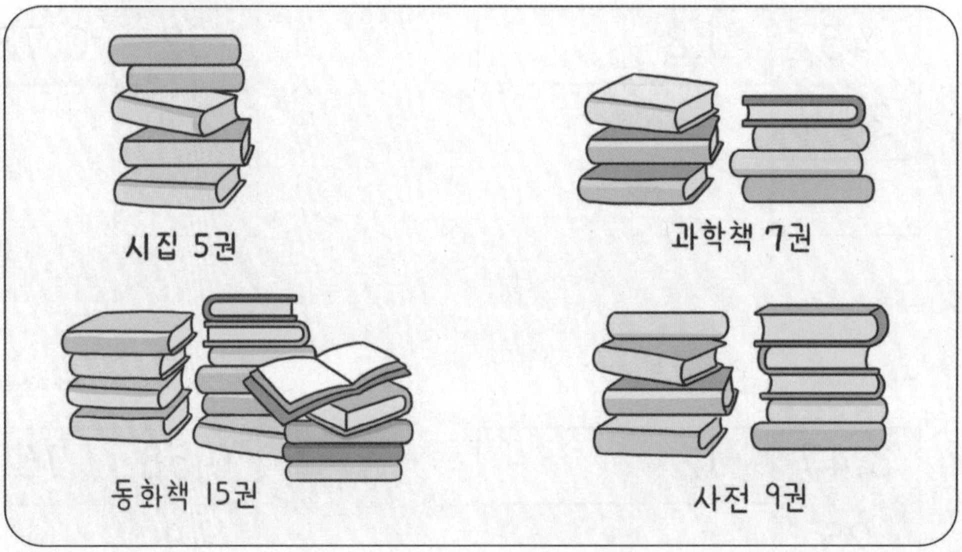

종류	시집	과학책	동화책	사전
한 권의 무게(kg)	0.3	0.7	0.8	1.2

시집 5권: ☐ kg, 과학책 7권: ☐ kg,

동화책 15권: ☐ kg, 사전 9권: ☐ kg

✎ 계산 결과가 더 큰 쪽을 따라 길을 가 보세요.

10주 개념

소수의 곱셈

민석이가 키우는 상추 재배 상자의 바닥은 직사각형 모양이고, 가로는 0.8 m, 세로는 0.7 m입니다. 상추 재배 상자 바닥의 넓이는 몇 m^2인가요?

(직사각형의 넓이) = (가로) × (세로)이므로 상추 재배 상자 바닥의 넓이는 0.8 × 0.7을 계산하면 알 수 있습니다.

0.8은 8의 $\frac{1}{10}$배이고, 0.7은 7의 $\frac{1}{10}$배이므로 0.8 × 0.7의 값은 8 × 7의 값의 $\frac{1}{100}$배입니다.

$$\begin{array}{ccccc} 8 & \times & 7 & = & 56 \\ \downarrow \frac{1}{10}\text{배} & & \downarrow \frac{1}{10}\text{배} & & \downarrow \frac{1}{100}\text{배} \\ 0.8 & \times & 0.7 & = & 0.56 \end{array}$$

0.8 × 0.7 = 0.56이므로 상추 재배 상자 바닥의 넓이는 0.56 m^2예요.

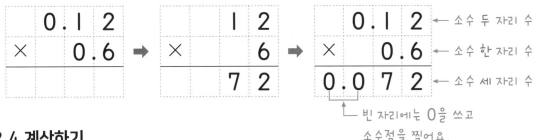

학습계획

일차	1일 학습	2일 학습	3일 학습	4일 학습	5일 학습
공부할 날	월 일	월 일	월 일	월 일	월 일

(소수)×(소수)

- 0.12×0.6 계산하기

방법 1 분수의 곱셈으로 나타내어 계산하기

$$0.12\times0.6=\frac{12}{100}\times\frac{6}{10}=\frac{12\times6}{1000}=\frac{72}{1000}=0.072$$

방법 2 자연수의 곱셈 이용하기

	0.	1	2
×		0.	6

➡

		1	2
×			6
		7	2

➡

	0.	1	2	← 소수 두 자리 수
×		0.	6	← 소수 한 자리 수
0.	0	7	2	← 소수 세 자리 수

빈 자리에는 0을 쓰고 소수점을 찍어요.

- 1.2×2.4 계산하기

방법 1 분수의 곱셈으로 나타내어 계산하기

$$1.2\times2.4=\frac{12}{10}\times\frac{24}{10}=\frac{12\times24}{100}=\frac{288}{100}=2.88$$

1보다 큰 소수는 가분수로 고쳐요.

방법 2 자연수의 곱셈 이용하기

		1.	2
×		2.	4

➡

		1	2
×		2	4
	2	8	8

➡

		1.	2	← 소수 한 자리 수
×		2.	4	← 소수 한 자리 수
	2.	8	8	← 소수 두 자리 수

곱의 소수점 아래 자릿수는 곱하는 두 수의 소수점 아래 자릿수의 합과 같아요.

개념 쏙쏙 노트

- (소수)×(소수) 계산하기
  ① 자연수의 곱셈과 같은 방법으로 계산합니다.
  ② 두 수의 소수점 아래 자릿수를 합한 자리에 소수점을 찍습니다.

소수의 곱셈

도전! 15분!

계산해 보세요.

1
$$\begin{array}{r} 0.5 \\ \times \quad 0.7 \\ \hline \end{array}$$

2
$$\begin{array}{r} 0.3 \\ \times \quad 5.2 \\ \hline \end{array}$$

3
$$\begin{array}{r} 0.38 \\ \times \quad 1.9 \\ \hline \end{array}$$

4
$$\begin{array}{r} 0.6 \\ \times \quad 12.8 \\ \hline \end{array}$$

5
$$\begin{array}{r} 3.2 \\ \times \quad 0.8 \\ \hline \end{array}$$

6
$$\begin{array}{r} 3.6 \\ \times \quad 1.7 \\ \hline \end{array}$$

7
$$\begin{array}{r} 2.9 \\ \times \quad 0.41 \\ \hline \end{array}$$

8
$$\begin{array}{r} 0.47 \\ \times \quad 83.9 \\ \hline \end{array}$$

9
$$\begin{array}{r} 3.1 \\ \times \quad 0.9 \\ \hline \end{array}$$

10
$$\begin{array}{r} 4.4 \\ \times \quad 3.6 \\ \hline \end{array}$$

11
$$\begin{array}{r} 5.3 \\ \times \quad 0.28 \\ \hline \end{array}$$

12
$$\begin{array}{r} 0.62 \\ \times \quad 2.73 \\ \hline \end{array}$$

10주

계산해 보세요.

13 0.6×0.7

14 0.6×0.23

15 52.9×0.78

16 0.5×7.29

17 7.4×0.4

18 4.7×0.58

19 42.8×5.6

20 6.2×8.54

21 2.52×0.8

22 2.7×0.61

23 28.4×0.63

24 3.5×6.29

25 3.69×2.3

26 7.06×32.5

27 5.25×1.16

28 4.91×1.2

29 6.02×5.5

30 5.74×1.45

스스로 평가

2일 반복 소수의 곱셈

도전! 15분!

계산해 보세요.

1. 0.6×0.2

2. 0.4×2.6

3. 0.17×8.5

4. 0.9×1.26

5. 1.8×0.9

6. 0.6×4.9

7. 0.59×3.4

8. 3.8×1.57

9. 4.6×0.7

10. 1.3×5.8

11. 2.74×3.8

12. 0.48×1.63

10주

계산해 보세요.

13 11.26×4.2

19 0.24×17.2

25 59.3×4.8

14 82.9×4.2

20 12.24×3.5

26 4.02×3.5

15 0.6×4.5

21 1.06×4.6

27 10.45×0.5

16 0.7×1.7

22 0.1×0.5

28 33.9×2.9

17 1.2×0.26

23 1.3×0.25

29 5.28×1.25

18 3.03×0.62

24 0.81×0.93

30 8.19×1.2

스스로 평가

소수의 곱셈

계산해 보세요.

1 0.8×0.8

2 0.4×0.68

3 0.54×0.85

4 0.9×32.6

5 2.4×0.6

6 0.5×2.7

7 7.4×0.38

8 0.83×6.17

9 63.7×0.9

10 0.42×3.9

11 5.13×0.62

12 12.5×1.22

✏️ 계산해 보세요.

13 0.81×4.1

14 2.66×5.2

15 0.8×0.7

16 0.72×0.4

17 9.3×0.16

18 29.3×0.84

19 7.92×2.56

20 74.9×0.3

21 0.25×2.6

22 0.5×5.3

23 3.8×0.9

24 4.2×7.3

25 51.7×8.2

26 14.2×1.92

소수의 곱셈

도전! 13분!

계산해 보세요.

1 0.5×0.3

2 0.7×6.1

3 0.85×0.37

4 0.8×6.24

5 0.16×0.6

6 0.72×1.6

7 82.3×0.69

8 0.75×24.7

9 16.8×0.9

10 3.49×0.42

11 5.77×0.48

12 4.23×1.25

✏️ 계산해 보세요.

13 84.7×0.2

14 3.28×1.3

15 4.2×0.6

16 7.9×0.8

17 6.3×9.8

18 7.92×6.9

19 38.4×9.05

20 8.9×4.3

21 0.41×3.4

22 0.6×0.3

23 0.58×6.5

24 0.24×0.57

25 73.6×0.95

26 9.2×8.9

스스로
평가 😄 🙂 😞

소수의 곱셈

도전! 12분!

빈 곳에 알맞은 수를 써넣으세요.

1 ×

1.3	0.4	

2 ×

7.4	0.2	

3 ×

0.85	0.96	

4 ×

6.94	1.2	

5 ×

3.95	0.76	

6 ×

6.72	3.5	

7 ×

83.7	0.9	

8 ×

98.5	0.64	

9 ×

3.25	2.44	

10 ×

5.54	6.5	

✎ 빈 곳에 두 수의 곱을 써넣으세요.

11

0.8	0.9

16

0.52	7.5

12

31.8	0.5

17

4.6	0.7

13

0.2	8.9

18

5.4	4.83

14

6.07	0.82

19

5.67	0.53

15

8.2	7.9

20

4.83	2.41

스스로 평가

10주 생각 수학

✎ 계산 결과가 같은 것끼리 선으로 이어 보세요.

3.56×1.5 •	• 4.7×2.62
0.64×2.45 •	• 26.7×0.2
5.24×2.35 •	• 9.8×0.16
0.84×2.35 •	• 1.41×1.4

✎ 소리는 1초 동안 공기 중에서 0.34 km를 간다고 합니다. 친구들이 번개를 보고 몇 초 후 천둥소리를 들었다고 합니다. 친구들이 천둥소리를 들은 곳은 번개가 친 곳에서 몇 km 떨어진 곳인지 구해 보세요.

$0.34 \times 6.5 = \square$ (km)

$0.34 \times \square = \square$ (km)

10권 ㅣ 분수의 덧셈과 뺄셈 / 분수, 소수의 곱셈		일차	표준 시간	문제 개수
1주	분모가 다른 분수의 덧셈 (1)	1일차	16분	36개
		2일차	16분	36개
		3일차	16분	36개
		4일차	16분	36개
		5일차	14분	16개
2주	분모가 다른 분수의 덧셈 (2)	1일차	20분	36개
		2일차	20분	36개
		3일차	20분	36개
		4일차	20분	36개
		5일차	11분	20개
3주	분모가 다른 분수의 뺄셈 (1)	1일차	16분	36개
		2일차	16분	36개
		3일차	16분	36개
		4일차	16분	36개
		5일차	14분	18개
4주	분모가 다른 분수의 뺄셈 (2)	1일차	20분	36개
		2일차	20분	36개
		3일차	20분	36개
		4일차	20분	36개
		5일차	11분	16개
5주	분모가 다른 분수의 뺄셈 (3)	1일차	22분	36개
		2일차	22분	36개
		3일차	22분	36개
		4일차	22분	36개
		5일차	12분	20개
6주	분수와 자연수의 곱셈	1일차	10분	28개
		2일차	10분	28개
		3일차	10분	28개
		4일차	10분	28개
		5일차	8분	20개
7주	분수의 곱셈 (1)	1일차	10분	28개
		2일차	10분	28개
		3일차	10분	28개
		4일차	10분	28개
		5일차	8분	20개
8주	분수의 곱셈 (2)	1일차	13분	28개
		2일차	13분	28개
		3일차	13분	28개
		4일차	13분	28개
		5일차	15분	18개
9주	소수와 자연수의 곱셈	1일차	13분	30개
		2일차	13분	30개
		3일차	13분	26개
		4일차	13분	26개
		5일차	12분	18개
10주	소수의 곱셈	1일차	15분	30개
		2일차	15분	30개
		3일차	13분	26개
		4일차	13분	26개
		5일차	12분	20개

1일 10분
초등 메가
계산력

1일 10분
초등 메가 계산력

자기 주도 학습력을 높이는
1일 10분 습관의 힘

1일 10분

초등 메가 계산력

10권

초등 5학년

분수의 덧셈과 뺄셈 / 분수, 소수의 곱셈

정답

메가스터디BOOKS

자기 주도 학습력을 높이는
1일 10분 습관의 힘

1일 10분

초등 메가 계산력

10권

초등 5학년

분수의 덧셈과 뺄셈 / 분수, 소수의 곱셈

정답

메가 계산력 이것이 다릅니다!

수학, 왜 어려워할까요?

자연수

쉽게 느끼는 영역	어렵게 느끼는 영역
작은 수	큰 수
덧셈	뺄셈
덧셈, 뺄셈	곱셈, 나눗셈
곱셈	나눗셈
세 수의 덧셈, 세 수의 뺄셈	세 수의 덧셈과 뺄셈 혼합 계산
사칙연산의 혼합 계산	괄호를 포함한 혼합 계산

분수와 소수

쉽게 느끼는 영역	어렵게 느끼는 영역
배수	약수
통분	약분
소수의 덧셈, 뺄셈	분수의 덧셈, 뺄셈
분수의 곱셈, 나눗셈	소수의 곱셈, 나눗셈
분수의 곱셈과 나눗셈의 혼합계산	소수의 곱셈과 나눗셈의 혼합계산
사칙연산의 혼합 계산	괄호를 포함한 혼합 계산

아이들은 수와 연산을 습득하면서 나름의 난이도 기준이 생깁니다. 이때 '수학은 어려운 과목 또는 지루한 과목'이라는 덫에 한번 걸리면 트라우마가 되어 그 덫에서 벗어나기가 굉장히 어려워집니다.

"수학의 기본인 계산력이 부족하기 때문입니다."

계산력, "플로 스몰 스텝"으로 키운다!

1일 10분 초등 메가 계산력은 반복 학습 시스템 **"플로 스몰 스텝(flow small step)"**으로 구성하였습니다. **"플로 스몰 스텝(flow small step)"**이란, 학습 내용을 잘게 쪼개어 자연스럽게 단계를 밟아가며 학습하도록 하는 프로그램입니다. 이 방식에 따라 학습하다 보면 난이도가 높아지더라도 크게 어려움을 느끼지 않으면서 수학의 개념과 원리를 자연스럽게 깨우치게 되고, 수학을 어렵거나 지루한 과목이라고 느끼지 않게 됩니다.

1. 매일 꾸준히 하는 것이 중요합니다.

자전거 타는 방법을 한번 익히면 잘 잊어버리지 않습니다. 이것을 우리는 '체화되었다'라고 합니다. 자전거를 잘 타게 될 때까지 매일 넘어지고, 다시 달리고를 반복하기 때문입니다. 계산력도 마찬가지입니다.

계산의 원리와 순서를 이해해도 꾸준히 학습하지 않으면 바로 잊어버리기 쉽습니다. 계산을 잘하는 아이들은 문제 풀이 속도도 빠르고, 실수도 적습니다. 그것은 단기간에 얻을 수 있는 결과가 아닙니다. 지금 현재 잘하는 것처럼 보인다고 시간이 흐른 후에도 잘하는 것이 아닙니다. 자전거 타기가 완전히 체화되어서 자연스럽게 달리고 멈추기를 실수 없이 하게 될 때까지 매일 연습하듯, 계산력도 매일 꾸준히 연습해서 단련해야 합니다.

2. 빠른 것보다 정확하게 푸는 것이 중요합니다!

초등 교과 과정의 수학 교과서 "수와 연산" 영역에서는 문제에 대한 다양한 풀이법을 요구하고 있습니다. 왜 그럴까요?

기계적인 단순 반복 계산 훈련을 막기 위해서라기보다 더욱 빠르고 정확하게 문제를 해결하는 계산력 향상을 위해서입니다. 빠르고 정확한 계산을 하는 셈 방법에는 머리셈과 필산이 있습니다. 이제까지의 계산력 훈련으로는 손으로 직접 쓰는 필산만이 중요시되었습니다. 하지만 새 교육과정에서는 필산과 함께 머리셈을 더욱 강조하고 있으며 아이들에게도 이는 재미있는 도전이 될 것입니다. 그렇다고 해서 머리셈을 위한 계산 개념을 따로 공부해야 하는 것이 아닙니다. 체계적인 흐름에 따라 문제를 풀면서 자연스럽게 습득할 수 있어야 합니다.

초등 교과 과정에 맞춰 체계화된 1일 10분 초등 메가 계산력의
"플로 스몰 스텝(flow small step)" 프로그램으로 계산력을 키워 주세요.

계산력 향상은 중 · 고등 수학까지 연결되는 사고력 확장의 단단한 바탕입니다.

정답 1주 분모가 다른 분수의 덧셈 (1)

1일

6쪽 / 7쪽

1	$\frac{5}{6}$	7	$\frac{4}{21}$	13	$1\frac{5}{8}$	19	$1\frac{1}{8}$	25	$\frac{31}{33}$	31	$1\frac{6}{35}$
2	$\frac{11}{12}$	8	$1\frac{1}{9}$	14	$1\frac{3}{10}$	20	$\frac{11}{15}$	26	$\frac{41}{45}$	32	$1\frac{11}{36}$
3	$\frac{7}{10}$	9	$1\frac{1}{2}$	15	$1\frac{1}{6}$	21	$\frac{1}{3}$	27	$\frac{23}{72}$	33	$1\frac{3}{5}$
4	$\frac{5}{6}$	10	$\frac{7}{8}$	16	$\frac{11}{21}$	22	$1\frac{7}{24}$	28	$\frac{5}{18}$	34	$\frac{37}{70}$
5	$1\frac{1}{14}$	11	$\frac{11}{12}$	17	$\frac{7}{10}$	23	$\frac{18}{35}$	29	$\frac{48}{55}$	35	$\frac{43}{72}$
6	$1\frac{5}{12}$	12	$\frac{11}{14}$	18	$\frac{14}{15}$	24	$\frac{9}{20}$	30	$1\frac{1}{15}$	36	$\frac{7}{30}$

2일

8쪽 / 9쪽

1	$\frac{11}{18}$	7	$1\frac{5}{28}$	13	$\frac{25}{28}$	19	$1\frac{3}{20}$	25	$1\frac{3}{7}$	31	$1\frac{11}{27}$
2	$\frac{6}{7}$	8	$\frac{13}{24}$	14	$1\frac{25}{56}$	20	$\frac{17}{24}$	26	$1\frac{1}{6}$	32	$1\frac{24}{35}$
3	$\frac{11}{21}$	9	$\frac{26}{45}$	15	$1\frac{7}{20}$	21	$\frac{11}{14}$	27	$1\frac{3}{22}$	33	$\frac{39}{40}$
4	$1\frac{1}{10}$	10	$\frac{19}{24}$	16	$1\frac{7}{15}$	22	$1\frac{1}{3}$	28	$1\frac{11}{42}$	34	$1\frac{1}{12}$
5	$1\frac{1}{15}$	11	$\frac{47}{63}$	17	$\frac{59}{90}$	23	$1\frac{11}{42}$	29	$1\frac{7}{24}$	35	$1\frac{31}{100}$
6	$\frac{5}{18}$	12	$1\frac{3}{10}$	18	$1\frac{9}{40}$	24	$\frac{4}{5}$	30	$1\frac{11}{30}$	36	$1\frac{3}{32}$

3일

10쪽 / 11쪽

1	$\frac{7}{8}$	7	$\frac{61}{66}$	13	$\frac{25}{42}$	19	$\frac{13}{14}$	25	$\frac{11}{56}$	31	$1\frac{10}{21}$
2	$\frac{5}{6}$	8	$\frac{29}{32}$	14	$\frac{13}{96}$	20	$\frac{35}{36}$	26	$\frac{3}{16}$	32	$\frac{53}{64}$
3	$\frac{53}{60}$	9	$1\frac{55}{84}$	15	$1\frac{11}{51}$	21	$\frac{1}{3}$	27	$1\frac{1}{2}$	33	$1\frac{5}{32}$
4	$\frac{55}{72}$	10	$1\frac{59}{112}$	16	$\frac{65}{77}$	22	$1\frac{23}{60}$	28	$\frac{17}{88}$	34	$\frac{26}{135}$
5	$\frac{19}{33}$	11	$1\frac{8}{21}$	17	$\frac{11}{26}$	23	$\frac{29}{48}$	29	$1\frac{13}{21}$	35	$\frac{29}{62}$
6	$\frac{13}{64}$	12	$\frac{13}{30}$	18	$\frac{47}{75}$	24	$\frac{26}{33}$	30	$\frac{53}{135}$	36	$\frac{13}{30}$

4일

12쪽

1 $\frac{1}{3}$
2 $\frac{17}{27}$
3 $1\frac{3}{16}$
4 $\frac{7}{48}$
5 $\frac{13}{32}$
6 $\frac{37}{45}$
7 $1\frac{1}{6}$
8 $\frac{14}{45}$
9 $\frac{7}{27}$
10 $\frac{37}{80}$
11 $\frac{107}{132}$
12 $\frac{17}{90}$
13 $\frac{21}{50}$
14 $1\frac{5}{42}$
15 $1\frac{23}{40}$
16 $\frac{5}{36}$
17 $\frac{59}{120}$
18 $\frac{33}{52}$

13쪽

19 $\frac{12}{35}$
20 $\frac{5}{6}$
21 $\frac{53}{80}$
22 $\frac{29}{120}$
23 $1\frac{5}{24}$
24 $\frac{10}{21}$
25 $\frac{13}{24}$
26 $\frac{26}{45}$
27 $\frac{3}{8}$
28 $1\frac{1}{7}$
29 $1\frac{7}{17}$
30 $1\frac{31}{80}$
31 $1\frac{1}{36}$
32 $1\frac{5}{49}$
33 $\frac{67}{70}$
34 $\frac{16}{45}$
35 $\frac{45}{68}$
36 $\frac{31}{84}$

5일

14쪽

1 $\frac{25}{48}$
2 $\frac{19}{21}$
3 $\frac{71}{140}$
4 $1\frac{1}{12}$
5 $1\frac{1}{14}$
6 $1\frac{5}{27}$
7 $\frac{13}{21}$
8 $\frac{59}{66}$
9 $\frac{50}{57}$
10 $\frac{23}{26}$

15쪽

(위에서부터)

11 $1\frac{1}{8}$ / $\frac{11}{12}$
12 $\frac{11}{12}$ / $1\frac{8}{21}$
13 $1\frac{6}{77}$ / $1\frac{11}{35}$
14 $1\frac{3}{56}$ / $\frac{71}{88}$
15 $\frac{49}{99}$ / $\frac{59}{63}$
16 $\frac{25}{32}$ / $1\frac{3}{32}$

생각 수학

16쪽

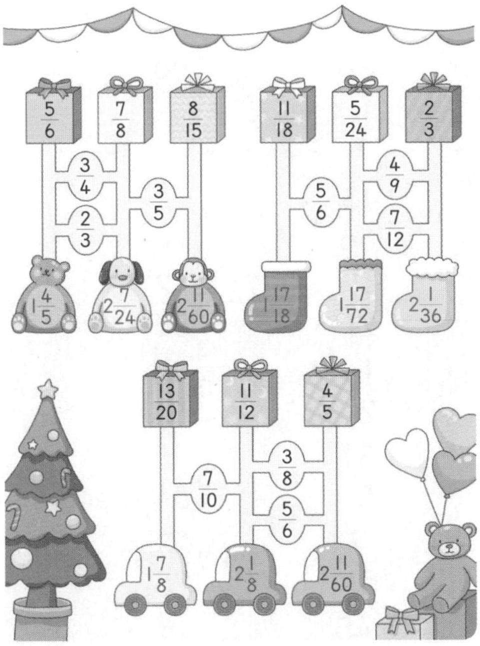

17쪽

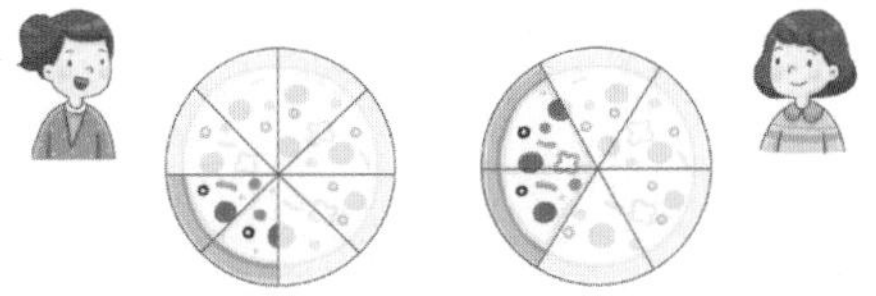

$\frac{6}{8}+\frac{4}{6}=$ $1\frac{5}{12}$

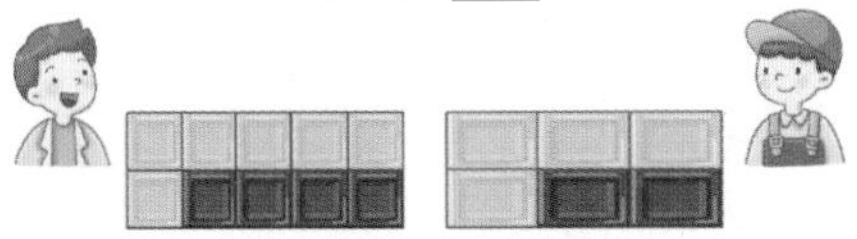

$\frac{6}{10}+\frac{4}{6}=$ $1\frac{4}{15}$

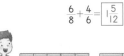

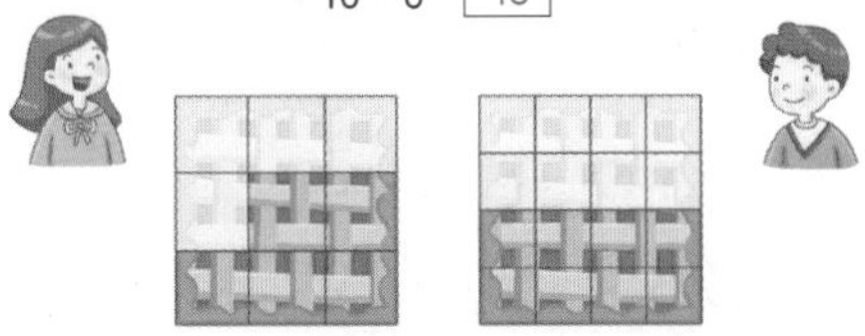

$\frac{4}{9}+\frac{8}{16}=$ $\frac{17}{18}$

정답 2주 분모가 다른 분수의 덧셈(2)

1일

20쪽

1 $3\frac{3}{8}$	7 $5\frac{3}{70}$	13 $6\frac{5}{44}$
2 $4\frac{11}{18}$	8 $7\frac{5}{54}$	14 $7\frac{1}{27}$
3 $6\frac{7}{45}$	9 $5\frac{9}{22}$	15 $5\frac{17}{90}$
4 $4\frac{5}{28}$	10 $6\frac{10}{21}$	16 $3\frac{59}{70}$
5 $9\frac{13}{45}$	11 $5\frac{1}{16}$	17 $5\frac{41}{72}$
6 $4\frac{25}{99}$	12 $4\frac{1}{63}$	18 $4\frac{7}{120}$

21쪽

19 $4\frac{5}{21}$	25 $6\frac{8}{45}$	31 $7\frac{39}{98}$
20 $9\frac{1}{3}$	26 $6\frac{9}{34}$	32 $6\frac{13}{112}$
21 $6\frac{14}{25}$	27 $9\frac{44}{135}$	33 $4\frac{29}{72}$
22 $8\frac{5}{16}$	28 $6\frac{37}{60}$	34 $7\frac{27}{40}$
23 $7\frac{18}{35}$	29 $4\frac{33}{62}$	35 $8\frac{43}{51}$
24 $6\frac{1}{3}$	30 $8\frac{5}{18}$	36 $6\frac{1}{24}$

2일

22쪽

1 $6\frac{47}{63}$	7 $6\frac{1}{8}$	13 $7\frac{8}{51}$
2 $4\frac{8}{15}$	8 $7\frac{27}{80}$	14 $7\frac{3}{20}$
3 $5\frac{5}{14}$	9 $4\frac{17}{44}$	15 $6\frac{17}{48}$
4 $7\frac{41}{84}$	10 $8\frac{7}{10}$	16 $8\frac{7}{27}$
5 $5\frac{37}{63}$	11 $8\frac{19}{90}$	17 $7\frac{7}{90}$
6 $4\frac{47}{100}$	12 $7\frac{13}{60}$	18 $6\frac{31}{96}$

23쪽

19 $4\frac{2}{15}$	25 $5\frac{61}{90}$	31 $8\frac{1}{42}$
20 $4\frac{11}{63}$	26 $8\frac{23}{54}$	32 $6\frac{29}{108}$
21 $5\frac{29}{84}$	27 $7\frac{22}{35}$	33 $8\frac{28}{51}$
22 $6\frac{9}{70}$	28 $5\frac{47}{168}$	34 $8\frac{5}{26}$
23 $7\frac{7}{72}$	29 $8\frac{3}{52}$	35 $7\frac{25}{96}$
24 $5\frac{11}{28}$	30 $6\frac{17}{96}$	36 $6\frac{7}{68}$

3일

24쪽

1 $6\frac{9}{28}$	7 $3\frac{41}{81}$	13 $6\frac{7}{40}$
2 $9\frac{11}{35}$	8 $7\frac{17}{42}$	14 $4\frac{41}{84}$
3 $7\frac{3}{10}$	9 $6\frac{8}{21}$	15 $7\frac{27}{70}$
4 $6\frac{19}{105}$	10 $6\frac{2}{9}$	16 $8\frac{22}{27}$
5 $9\frac{23}{72}$	11 $8\frac{27}{80}$	17 $9\frac{5}{19}$
6 $8\frac{13}{50}$	12 $6\frac{53}{78}$	18 $5\frac{1}{32}$

25쪽

19 $4\frac{13}{66}$	25 $4\frac{7}{20}$	31 $6\frac{35}{102}$
20 $5\frac{11}{21}$	26 $7\frac{12}{35}$	32 $5\frac{11}{96}$
21 $7\frac{1}{2}$	27 $7\frac{31}{120}$	33 $4\frac{19}{90}$
22 $7\frac{37}{51}$	28 $6\frac{11}{54}$	34 $8\frac{23}{84}$
23 $4\frac{7}{54}$	29 $7\frac{71}{75}$	35 $6\frac{17}{60}$
24 $9\frac{45}{104}$	30 $5\frac{19}{72}$	36 $8\frac{31}{132}$

4일

26쪽

1 $6\frac{9}{20}$
2 $9\frac{13}{30}$
3 $6\frac{37}{48}$
4 $3\frac{91}{96}$
5 $3\frac{9}{35}$
6 $6\frac{5}{33}$
7 $6\frac{23}{72}$
8 $8\frac{23}{96}$
9 $6\frac{17}{120}$
10 $4\frac{13}{48}$
11 $7\frac{1}{78}$
12 $5\frac{13}{24}$
13 $7\frac{31}{126}$
14 $5\frac{7}{24}$
15 $6\frac{5}{22}$
16 $7\frac{41}{60}$
17 $6\frac{5}{12}$
18 $7\frac{27}{70}$

27쪽

19 $6\frac{1}{3}$
20 $9\frac{3}{8}$
21 $9\frac{1}{4}$
22 $4\frac{31}{72}$
23 $6\frac{41}{96}$
24 $7\frac{59}{132}$
25 $6\frac{55}{81}$
26 $7\frac{23}{70}$
27 $7\frac{52}{105}$
28 $9\frac{27}{76}$
29 $6\frac{1}{4}$
30 $7\frac{25}{72}$
31 $5\frac{7}{12}$
32 $6\frac{37}{70}$
33 $5\frac{9}{14}$
34 $6\frac{11}{16}$
35 $3\frac{79}{90}$
36 $7\frac{43}{108}$

5일

28쪽

1 $6\frac{1}{2}$
2 $5\frac{5}{12}$
3 $11\frac{1}{12}$
4 $6\frac{5}{24}$
5 $5\frac{5}{51}$
6 $4\frac{23}{60}$
7 $7\frac{7}{24}$
8 $7\frac{11}{42}$
9 $6\frac{4}{15}$
10 $6\frac{2}{15}$

29쪽

11 $4\frac{1}{4}$
12 $9\frac{1}{12}$
13 $6\frac{4}{35}$
14 $4\frac{21}{34}$
15 $7\frac{17}{84}$
16 $6\frac{1}{2}$
17 $6\frac{5}{24}$
18 $8\frac{7}{12}$
19 $6\frac{11}{36}$
20 $7\frac{31}{80}$

생각 수학

30쪽

31쪽

서연이가 만든 가장 작은 대분수: $3\frac{5}{8}$

의건이가 만든 가장 작은 대분수: $2\frac{3}{4}$

➡ 두 분수의 합: $3\frac{5}{8}+2\frac{3}{4}=6\frac{3}{8}$

정답 3주 분모가 다른 분수의 뺄셈 (1)

1일

34쪽 / 35쪽

1	$\frac{1}{12}$	7	$\frac{8}{15}$	13	$\frac{1}{6}$	19	$\frac{1}{10}$	25	$\frac{4}{25}$	31	$\frac{5}{36}$
2	$\frac{7}{20}$	8	$\frac{3}{7}$	14	$\frac{11}{24}$	20	$\frac{11}{16}$	26	$\frac{13}{36}$	32	$\frac{4}{9}$
3	$\frac{1}{24}$	9	$\frac{5}{18}$	15	$\frac{7}{27}$	21	$\frac{1}{42}$	27	$\frac{11}{24}$	33	$\frac{17}{86}$
4	$\frac{3}{14}$	10	$\frac{3}{22}$	16	$\frac{17}{35}$	22	$\frac{17}{30}$	28	$\frac{25}{48}$	34	$\frac{11}{26}$
5	$\frac{2}{3}$	11	$\frac{11}{32}$	17	$\frac{11}{27}$	23	$\frac{25}{84}$	29	$\frac{7}{12}$	35	$\frac{19}{46}$
6	$\frac{17}{42}$	12	$\frac{23}{42}$	18	$\frac{5}{14}$	24	$\frac{3}{5}$	30	$\frac{1}{14}$	36	$\frac{29}{60}$

2일

36쪽 / 37쪽

1	$\frac{7}{12}$	7	$\frac{11}{42}$	13	$\frac{2}{3}$	19	$\frac{11}{16}$	25	$\frac{11}{24}$	31	$\frac{5}{13}$
2	$\frac{1}{6}$	8	$\frac{35}{54}$	14	$\frac{1}{8}$	20	$\frac{2}{55}$	26	$\frac{8}{21}$	32	$\frac{5}{28}$
3	$\frac{1}{9}$	9	$\frac{43}{72}$	15	$\frac{9}{22}$	21	$\frac{1}{45}$	27	$\frac{3}{5}$	33	$\frac{4}{11}$
4	$\frac{17}{63}$	10	$\frac{23}{45}$	16	$\frac{33}{52}$	22	$\frac{1}{18}$	28	$\frac{1}{2}$	34	$\frac{4}{15}$
5	$\frac{3}{8}$	11	$\frac{12}{55}$	17	$\frac{3}{26}$	23	$\frac{19}{52}$	29	$\frac{1}{21}$	35	$\frac{19}{58}$
6	$\frac{13}{36}$	12	$\frac{11}{36}$	18	$\frac{1}{10}$	24	$\frac{1}{3}$	30	$\frac{15}{46}$	36	$\frac{3}{5}$

3일

38쪽 / 39쪽

1	$\frac{1}{3}$	7	$\frac{1}{18}$	13	$\frac{1}{11}$	19	$\frac{7}{15}$	25	$\frac{3}{20}$	31	$\frac{29}{44}$
2	$\frac{4}{21}$	8	$\frac{13}{40}$	14	$\frac{7}{34}$	20	$\frac{3}{8}$	26	$\frac{43}{90}$	32	$\frac{1}{5}$
3	$\frac{7}{12}$	9	$\frac{8}{19}$	15	$\frac{4}{69}$	21	$\frac{11}{21}$	27	$\frac{13}{18}$	33	$\frac{9}{70}$
4	$\frac{4}{15}$	10	$\frac{1}{42}$	16	$\frac{29}{60}$	22	$\frac{11}{20}$	28	$\frac{5}{8}$	34	$\frac{1}{32}$
5	$\frac{17}{24}$	11	$\frac{22}{81}$	17	$\frac{33}{95}$	23	$\frac{31}{45}$	29	$\frac{3}{80}$	35	$\frac{31}{92}$
6	$\frac{15}{34}$	12	$\frac{28}{51}$	18	$\frac{19}{26}$	24	$\frac{11}{16}$	30	$\frac{59}{80}$	36	$\frac{19}{28}$

4일

40쪽

1 $\frac{3}{10}$
2 $\frac{1}{12}$
3 $\frac{1}{12}$
4 $\frac{1}{5}$
5 $\frac{5}{8}$
6 $\frac{5}{18}$
7 $\frac{1}{30}$
8 $\frac{23}{40}$
9 $\frac{8}{17}$
10 $\frac{7}{18}$
11 $\frac{23}{36}$
12 $\frac{7}{9}$
13 $\frac{31}{63}$
14 $\frac{1}{21}$
15 $\frac{1}{3}$
16 $\frac{18}{41}$
17 $\frac{51}{92}$
18 $\frac{19}{82}$

41쪽

19 $\frac{16}{25}$
20 $\frac{21}{68}$
21 $\frac{4}{77}$
22 $\frac{13}{33}$
23 $\frac{5}{8}$
24 $\frac{29}{36}$
25 $\frac{7}{10}$
26 $\frac{11}{24}$
27 $\frac{27}{70}$
28 $\frac{1}{3}$
29 $\frac{8}{19}$
30 $\frac{26}{49}$
31 $\frac{11}{60}$
32 $\frac{13}{60}$
33 $\frac{13}{88}$
34 $\frac{2}{3}$
35 $\frac{15}{94}$
36 $\frac{19}{40}$

5일

42쪽

1 $\frac{4}{7}$
2 $\frac{1}{2}$
3 $\frac{5}{12}$
4 $\frac{7}{24}$
5 $\frac{1}{10}$
6 $\frac{13}{60}$
7 $\frac{10}{77}$
8 $\frac{1}{2}$
9 $\frac{3}{34}$
10 $\frac{11}{20}$

43쪽

11 $\frac{3}{10}$ / $\frac{11}{20}$
12 $\frac{17}{30}$ / $\frac{4}{5}$
13 $\frac{13}{36}$ / $\frac{19}{36}$
14 $\frac{41}{63}$ / $\frac{31}{63}$
15 $\frac{9}{22}$ / $\frac{28}{55}$
16 $\frac{7}{32}$ / $\frac{13}{70}$
17 $\frac{13}{34}$ / $\frac{28}{51}$
18 $\frac{45}{88}$ / $\frac{47}{72}$

생각 수학

44쪽

$\frac{3}{10}$	$\frac{5}{12}$	$\frac{3}{8}$	$\frac{17}{40}$	$\frac{11}{24}$	$\frac{7}{15}$
염	래	긴	고	흰	수

$\frac{7}{12}-\frac{1}{8}$	$\frac{5}{8}-\frac{1}{4}$	$\frac{2}{3}-\frac{1}{5}$
흰	긴	수
$\frac{9}{10}-\frac{3}{5}$	$\frac{4}{5}-\frac{3}{8}$	$\frac{7}{12}-\frac{1}{6}$
염	고	래

지구상에서 가장 큰 동물은 흰 긴 수 염 고 래 입니다.

45쪽

손오공이 먹고 남은 떡의 무게: $1-\frac{1}{5}=\frac{4}{5}$(kg)

저팔계가 먹고 남은 떡의 무게: $\frac{4}{5}-\frac{5}{8}=\frac{7}{40}$(kg)

정답 4주 분모가 다른 분수의 뺄셈(2)

1일

48쪽

1	$2\frac{1}{6}$	7	$3\frac{13}{35}$	13	$3\frac{7}{72}$
2	$1\frac{5}{12}$	8	$1\frac{1}{40}$	14	$6\frac{11}{40}$
3	$5\frac{7}{20}$	9	$1\frac{7}{18}$	15	$2\frac{13}{90}$
4	$2\frac{19}{45}$	10	$2\frac{37}{66}$	16	$5\frac{1}{99}$
5	$2\frac{3}{16}$	11	$3\frac{19}{30}$	17	$1\frac{9}{22}$
6	$1\frac{7}{12}$	12	$6\frac{4}{63}$	18	$2\frac{10}{63}$

49쪽

19	$3\frac{11}{30}$	25	$2\frac{11}{24}$	31	$2\frac{1}{36}$
20	$2\frac{5}{9}$	26	$5\frac{5}{42}$	32	$1\frac{1}{16}$
21	$4\frac{1}{2}$	27	$1\frac{17}{42}$	33	$5\frac{16}{75}$
22	$1\frac{25}{84}$	28	$1\frac{5}{54}$	34	$3\frac{23}{42}$
23	$5\frac{1}{55}$	29	$5\frac{3}{40}$	35	$7\frac{7}{12}$
24	$3\frac{26}{45}$	30	$2\frac{31}{84}$	36	$4\frac{1}{21}$

2일

50쪽

1	$\frac{3}{14}$	7	$6\frac{7}{36}$	13	$5\frac{17}{88}$
2	$4\frac{11}{35}$	8	$6\frac{3}{10}$	14	$1\frac{7}{24}$
3	$2\frac{5}{24}$	9	$1\frac{11}{15}$	15	$1\frac{5}{16}$
4	$4\frac{1}{9}$	10	$2\frac{15}{26}$	16	$3\frac{22}{45}$
5	$6\frac{13}{28}$	11	$1\frac{19}{56}$	17	$3\frac{1}{18}$
6	$6\frac{1}{8}$	12	$4\frac{8}{77}$	18	$5\frac{11}{27}$

51쪽

19	$2\frac{7}{48}$	25	$3\frac{33}{80}$	31	$1\frac{1}{36}$
20	$2\frac{2}{27}$	26	$4\frac{19}{30}$	32	$2\frac{11}{30}$
21	$4\frac{3}{70}$	27	$1\frac{31}{60}$	33	$2\frac{2}{9}$
22	$4\frac{5}{18}$	28	$\frac{3}{8}$	34	$2\frac{9}{50}$
23	$3\frac{3}{20}$	29	$2\frac{8}{33}$	35	$6\frac{1}{8}$
24	$8\frac{1}{10}$	30	$1\frac{25}{44}$	36	$3\frac{1}{8}$

3일

52쪽

1	$1\frac{2}{25}$	7	$2\frac{3}{16}$	13	$1\frac{11}{16}$
2	$5\frac{13}{42}$	8	$4\frac{4}{65}$	14	$9\frac{21}{40}$
3	$2\frac{5}{18}$	9	$1\frac{53}{78}$	15	$4\frac{1}{6}$
4	$5\frac{13}{33}$	10	$3\frac{13}{21}$	16	$7\frac{38}{63}$
5	$2\frac{9}{44}$	11	$3\frac{13}{48}$	17	$1\frac{1}{5}$
6	$6\frac{1}{3}$	12	$8\frac{2}{3}$	18	$9\frac{7}{30}$

53쪽

19	$4\frac{1}{20}$	25	$4\frac{1}{8}$	31	$2\frac{11}{21}$
20	$7\frac{2}{9}$	26	$7\frac{11}{26}$	32	$1\frac{7}{12}$
21	$2\frac{5}{33}$	27	$1\frac{7}{39}$	33	$5\frac{1}{5}$
22	$2\frac{29}{48}$	28	$4\frac{1}{52}$	34	$4\frac{2}{15}$
23	$1\frac{19}{90}$	29	$\frac{1}{2}$	35	$6\frac{7}{48}$
24	$2\frac{37}{60}$	30	$1\frac{11}{42}$	36	$5\frac{1}{16}$

4일

54쪽

1 $4\frac{11}{30}$
2 $3\frac{1}{9}$
3 $6\frac{5}{18}$
4 $2\frac{10}{33}$
5 $6\frac{1}{12}$
6 $1\frac{1}{20}$
7 $8\frac{1}{3}$
8 $2\frac{31}{52}$
9 $5\frac{5}{28}$
10 $2\frac{12}{65}$
11 $4\frac{17}{70}$
12 $2\frac{2}{15}$
13 $1\frac{13}{21}$
14 $4\frac{4}{9}$
15 $5\frac{41}{60}$
16 $\frac{17}{28}$
17 $2\frac{6}{35}$
18 $2\frac{19}{42}$

55쪽

19 $5\frac{25}{84}$
20 $4\frac{3}{70}$
21 $6\frac{1}{7}$
22 $8\frac{1}{20}$
23 $7\frac{1}{6}$
24 $3\frac{5}{14}$
25 $6\frac{1}{5}$
26 $4\frac{3}{7}$
27 $4\frac{1}{2}$
28 $1\frac{31}{78}$
29 $\frac{1}{12}$
30 $2\frac{17}{72}$
31 $5\frac{3}{10}$
32 $1\frac{11}{72}$
33 $3\frac{5}{62}$
34 $2\frac{37}{45}$
35 $4\frac{5}{84}$
36 $4\frac{5}{36}$

5일

56쪽

1 $3\frac{7}{20}$
2 $\frac{4}{21}$
3 $1\frac{17}{60}$
4 $4\frac{7}{24}$
5 $6\frac{1}{2}$
6 $1\frac{7}{32}$
7 $2\frac{7}{36}$
8 $5\frac{11}{24}$
9 $2\frac{15}{28}$
10 $6\frac{1}{8}$

57쪽

(위에서부터)

11 $3\frac{2}{5}$ / $2\frac{19}{42}$
12 $1\frac{1}{60}$ / $\frac{1}{30}$
13 $4\frac{11}{60}$ / $1\frac{2}{5}$
14 $1\frac{13}{50}$ / $2\frac{8}{25}$
15 $2\frac{13}{28}$ / $3\frac{11}{36}$
16 $3\frac{1}{2}$ / $\frac{7}{24}$

생각 수학

58쪽

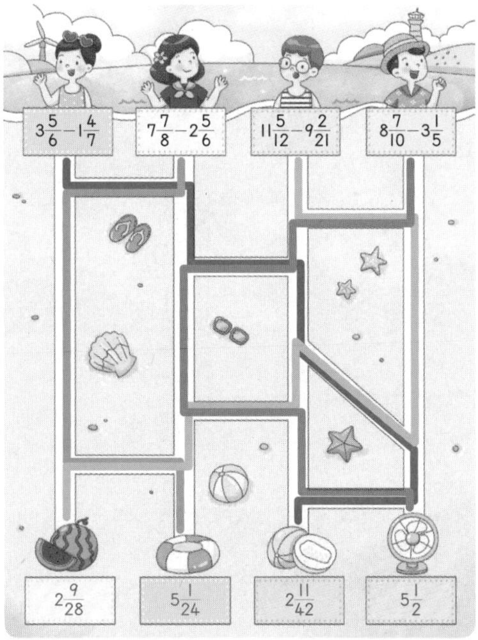

59쪽

정답 5주 분모가 다른 분수의 뺄셈(3)

1일

62쪽 · 63쪽

1	$2\frac{5}{6}$	7	$\frac{7}{12}$	13	$\frac{7}{9}$	19	$\frac{9}{40}$	25	$6\frac{5}{7}$	31	$1\frac{15}{28}$
2	$1\frac{5}{6}$	8	$\frac{19}{24}$	14	$1\frac{20}{33}$	20	$1\frac{11}{24}$	26	$2\frac{13}{30}$	32	$10\frac{3}{4}$
3	$\frac{3}{4}$	9	$1\frac{7}{15}$	15	$1\frac{11}{20}$	21	$\frac{29}{48}$	27	$6\frac{11}{12}$	33	$\frac{11}{14}$
4	$2\frac{7}{12}$	10	$6\frac{7}{10}$	16	$11\frac{9}{14}$	22	$\frac{11}{18}$	28	$1\frac{23}{50}$	34	$6\frac{17}{54}$
5	$1\frac{11}{15}$	11	$2\frac{43}{72}$	17	$\frac{23}{24}$	23	$1\frac{41}{45}$	29	$3\frac{25}{33}$	35	$2\frac{15}{26}$
6	$1\frac{13}{20}$	12	$\frac{31}{60}$	18	$4\frac{17}{36}$	24	$4\frac{21}{44}$	30	$7\frac{5}{16}$	36	$\frac{18}{35}$

2일

64쪽 · 65쪽

1	$2\frac{3}{4}$	7	$3\frac{17}{30}$	13	$2\frac{8}{21}$	19	$3\frac{21}{40}$	25	$1\frac{37}{60}$	31	$1\frac{37}{40}$
2	$9\frac{19}{21}$	8	$3\frac{1}{2}$	14	$6\frac{17}{21}$	20	$1\frac{7}{18}$	26	$1\frac{31}{56}$	32	$2\frac{41}{65}$
3	$2\frac{19}{42}$	9	$1\frac{5}{6}$	15	$1\frac{41}{63}$	21	$5\frac{43}{75}$	27	$1\frac{61}{72}$	33	$2\frac{13}{24}$
4	$1\frac{11}{30}$	10	$7\frac{7}{8}$	16	$5\frac{8}{15}$	22	$1\frac{26}{55}$	28	$1\frac{7}{20}$	34	$\frac{47}{90}$
5	$5\frac{31}{45}$	11	$6\frac{37}{60}$	17	$12\frac{19}{40}$	23	$3\frac{13}{48}$	29	$7\frac{23}{66}$	35	$2\frac{57}{70}$
6	$1\frac{23}{24}$	12	$3\frac{7}{15}$	18	$2\frac{19}{24}$	24	$2\frac{71}{78}$	30	$3\frac{55}{84}$	36	$6\frac{23}{33}$

3일

66쪽 · 67쪽

1	$1\frac{13}{15}$	7	$4\frac{7}{30}$	13	$5\frac{67}{70}$	19	$2\frac{53}{99}$	25	$2\frac{59}{60}$	31	$6\frac{21}{52}$
2	$3\frac{13}{16}$	8	$5\frac{5}{6}$	14	$5\frac{17}{28}$	20	$2\frac{33}{40}$	26	$1\frac{31}{36}$	32	$2\frac{9}{14}$
3	$\frac{31}{40}$	9	$1\frac{27}{40}$	15	$2\frac{17}{21}$	21	$5\frac{37}{48}$	27	$9\frac{83}{90}$	33	$4\frac{5}{6}$
4	$\frac{23}{66}$	10	$2\frac{28}{45}$	16	$1\frac{71}{90}$	22	$5\frac{29}{90}$	28	$4\frac{32}{99}$	34	$2\frac{47}{60}$
5	$4\frac{11}{40}$	11	$6\frac{11}{20}$	17	$5\frac{7}{10}$	23	$1\frac{1}{2}$	29	$2\frac{23}{60}$	35	$10\frac{13}{22}$
6	$5\frac{20}{63}$	12	$3\frac{61}{63}$	18	$5\frac{8}{9}$	24	$\frac{59}{70}$	30	$6\frac{29}{39}$	36	$1\frac{7}{24}$

4일

68쪽

1	$1\frac{19}{24}$	7	$8\frac{49}{60}$	13	$3\frac{11}{14}$
2	$2\frac{23}{44}$	8	$\frac{8}{9}$	14	$5\frac{67}{96}$
3	$3\frac{25}{54}$	9	$2\frac{5}{6}$	15	$4\frac{23}{30}$
4	$2\frac{9}{10}$	10	$1\frac{33}{56}$	16	$5\frac{17}{28}$
5	$6\frac{55}{84}$	11	$6\frac{9}{14}$	17	$7\frac{53}{70}$
6	$2\frac{23}{24}$	12	$2\frac{13}{20}$	18	$4\frac{49}{72}$

69쪽

19	$2\frac{20}{63}$	25	$7\frac{5}{14}$	31	$1\frac{45}{52}$
20	$\frac{39}{70}$	26	$6\frac{16}{27}$	32	$3\frac{85}{96}$
21	$2\frac{67}{88}$	27	$1\frac{29}{70}$	33	$4\frac{53}{80}$
22	$3\frac{17}{48}$	28	$4\frac{40}{99}$	34	$3\frac{5}{8}$
23	$2\frac{79}{80}$	29	$7\frac{23}{60}$	35	$4\frac{41}{90}$
24	$7\frac{29}{42}$	30	$2\frac{32}{39}$	36	$2\frac{13}{22}$

5일

70쪽

1	$1\frac{3}{10}$	6	$4\frac{19}{42}$
2	$1\frac{5}{12}$	7	$1\frac{31}{36}$
3	$6\frac{9}{16}$	8	$3\frac{25}{27}$
4	$2\frac{5}{12}$	9	$\frac{17}{96}$
5	$2\frac{13}{15}$	10	$1\frac{41}{48}$

71쪽

11	$1\frac{13}{15}$	16	$6\frac{11}{12}$
12	$\frac{31}{40}$	17	$5\frac{67}{70}$
13	$4\frac{43}{56}$	18	$2\frac{17}{21}$
14	$4\frac{39}{40}$	19	$13\frac{17}{40}$
15	$1\frac{1}{20}$	20	$5\frac{8}{9}$

생각 수학

72쪽

〈처음 있던 재료의 양〉

우유 $2\frac{2}{5}$컵

밀가루 $5\frac{1}{2}$컵

버터 $2\frac{1}{4}$개

〈사용한 재료의 양〉

우유 $1\frac{3}{4}$컵

밀가루 $2\frac{2}{3}$컵

버터 $1\frac{2}{5}$개

우유 식빵을 만들고 났더니

우유는 $2\frac{2}{5}-1\frac{3}{4}=\boxed{\frac{13}{20}}$(컵),

밀가루는 $5\frac{1}{2}-2\frac{2}{3}=\boxed{2\frac{5}{6}}$(컵),

버터는 $2\frac{1}{4}-1\frac{2}{5}=\boxed{\frac{17}{20}}$(개)가 남았어.

73쪽

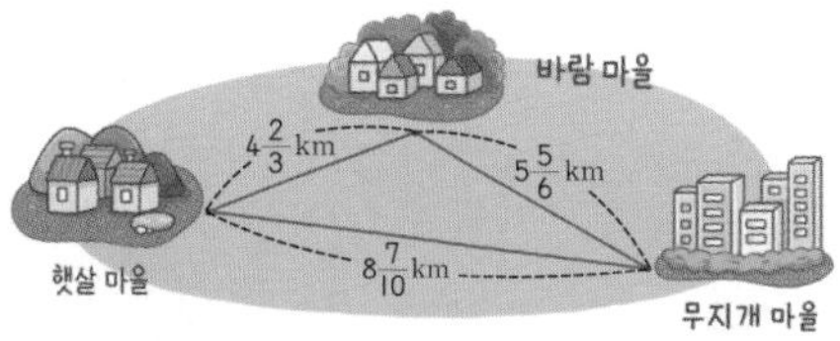
바람 마을
$4\frac{2}{3}$ km
$5\frac{5}{6}$ km
햇살 마을
$8\frac{7}{10}$ km
무지개 마을

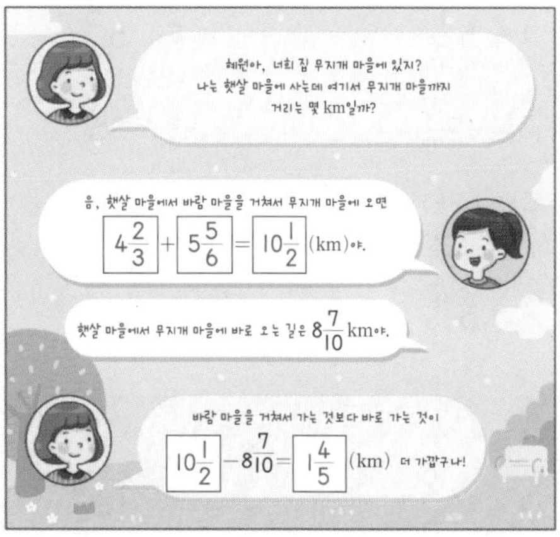
혜원아, 너희 집 무지개 마을에 있지? 나는 햇살 마을에 사는데 여기서 무지개 마을까지 거리는 몇 km일까?
음, 햇살 마을에서 바람 마을을 거쳐서 무지개 마을에 오면 $\boxed{4\frac{2}{3}}+\boxed{5\frac{5}{6}}=\boxed{10\frac{1}{2}}$(km)야.
햇살 마을에서 무지개 마을에 바로 오는 길은 $8\frac{7}{10}$ km야.
바람 마을을 거쳐서 가는 것보다 바로 가는 것이 $\boxed{10\frac{1}{2}}-8\frac{7}{10}=\boxed{1\frac{4}{5}}$(km) 더 가깝구나!

정답 6주 분수와 자연수의 곱셈

1일

76쪽

1 2
2 64
3 $1\frac{1}{5}$
4 14
5 $14\frac{2}{5}$
6 $\frac{3}{7}$
7 $\frac{25}{27}$
8 6
9 $4\frac{1}{2}$
10 $5\frac{2}{5}$
11 $40\frac{1}{2}$
12 $8\frac{2}{3}$
13 $6\frac{2}{3}$
14 $7\frac{1}{2}$

77쪽

15 5
16 9
17 $2\frac{3}{4}$
18 $10\frac{5}{7}$
19 $\frac{5}{6}$
20 $40\frac{1}{2}$
21 $\frac{21}{23}$
22 $9\frac{1}{2}$
23 55
24 14
25 $7\frac{1}{5}$
26 $25\frac{1}{3}$
27 $11\frac{1}{2}$
28 $18\frac{2}{3}$

2일

78쪽

1 81
2 8
3 $4\frac{3}{8}$
4 48
5 $7\frac{2}{9}$
6 $4\frac{4}{5}$
7 2
8 $4\frac{4}{9}$
9 22
10 $21\frac{1}{4}$
11 44
12 $7\frac{1}{2}$
13 $25\frac{1}{3}$
14 $12\frac{1}{3}$

79쪽

15 7
16 $11\frac{1}{4}$
17 12
18 $1\frac{2}{3}$
19 27
20 $5\frac{1}{4}$
21 $12\frac{3}{5}$
22 $5\frac{10}{13}$
23 76
24 $9\frac{11}{13}$
25 $7\frac{3}{4}$
26 $25\frac{1}{3}$
27 68
28 70

3일

80쪽

1 $5\frac{1}{7}$
2 $12\frac{7}{9}$
3 $3\frac{1}{2}$
4 $6\frac{4}{11}$
5 $11\frac{1}{4}$
6 $14\frac{2}{5}$
7 3
8 $5\frac{5}{6}$
9 35
10 66
11 $2\frac{2}{5}$
12 $7\frac{1}{3}$
13 $13\frac{3}{5}$
14 54

81쪽

15 6
16 $18\frac{1}{2}$
17 $8\frac{1}{3}$
18 $8\frac{3}{5}$
19 $19\frac{1}{2}$
20 6
21 $4\frac{8}{13}$
22 $7\frac{1}{3}$
23 $6\frac{1}{2}$
24 $4\frac{2}{3}$
25 $12\frac{6}{7}$
26 $4\frac{6}{7}$
27 $12\frac{2}{3}$
28 $4\frac{8}{15}$

4일

82쪽

1	$5\frac{1}{2}$	8	$8\frac{5}{9}$
2	4	9	$16\frac{2}{3}$
3	$9\frac{4}{5}$	10	$3\frac{1}{6}$
4	$18\frac{3}{4}$	11	$6\frac{7}{13}$
5	$\frac{20}{31}$	12	45
6	34	13	$5\frac{5}{11}$
7	$16\frac{1}{2}$	14	60

83쪽

15	50	22	$7\frac{1}{7}$
16	$\frac{5}{7}$	23	$21\frac{1}{4}$
17	$3\frac{11}{15}$	24	$5\frac{3}{5}$
18	$15\frac{1}{3}$	25	$7\frac{9}{16}$
19	$12\frac{3}{4}$	26	15
20	$1\frac{4}{13}$	27	$22\frac{1}{3}$
21	$7\frac{2}{3}$	28	112

5일

84쪽

1	$1\frac{1}{4}$	6	60
2	66	7	$3\frac{5}{7}$
3	$3\frac{1}{7}$	8	$17\frac{1}{4}$
4	$\frac{17}{18}$	9	12
5	$6\frac{2}{5}$	10	$10\frac{1}{2}$

85쪽

11	$3\frac{2}{3}$	16	$22\frac{2}{3}$
12	110	17	$2\frac{10}{13}$
13	$13\frac{1}{3}$	18	$11\frac{1}{9}$
14	$27\frac{1}{3}$	19	$38\frac{1}{2}$
15	$12\frac{3}{5}$	20	$18\frac{4}{5}$

생각 수학

86쪽

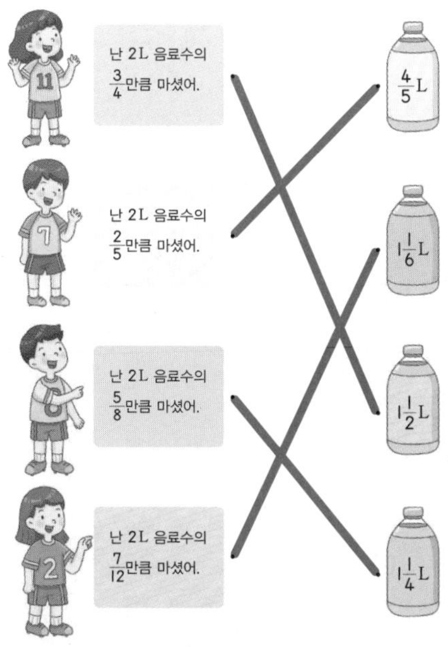

87쪽

사과: 140 개, 망고: 20 개, 딸기: 100 개, 귤: 90 개

정답 7주 분수의 곱셈(1)

1일

90쪽

1	$\frac{1}{21}$	8	$\frac{7}{12}$
2	$\frac{1}{5}$	9	$\frac{9}{20}$
3	$\frac{2}{11}$	10	$\frac{15}{56}$
4	$\frac{1}{24}$	11	$\frac{2}{3}$
5	$\frac{1}{72}$	12	$\frac{35}{54}$
6	$\frac{3}{29}$	13	$\frac{2}{15}$
7	$\frac{9}{55}$	14	$\frac{1}{11}$

91쪽

15	$4\frac{2}{3}$	22	$4\frac{3}{8}$
16	$2\frac{2}{3}$	23	$1\frac{19}{21}$
17	$3\frac{1}{3}$	24	$5\frac{1}{4}$
18	$2\frac{5}{8}$	25	$1\frac{1}{3}$
19	$1\frac{23}{25}$	26	6
20	6	27	$3\frac{1}{2}$
21	$2\frac{25}{28}$	28	$7\frac{1}{2}$

2일

92쪽

1	$\frac{1}{24}$	8	$\frac{18}{35}$
2	$\frac{1}{24}$	9	$\frac{8}{63}$
3	$\frac{1}{50}$	10	$\frac{25}{48}$
4	$\frac{2}{19}$	11	$\frac{2}{15}$
5	$\frac{1}{28}$	12	$\frac{3}{4}$
6	$\frac{1}{36}$	13	$\frac{2}{21}$
7	$\frac{5}{17}$	14	$\frac{3}{14}$

93쪽

15	$4\frac{7}{8}$	22	$1\frac{19}{21}$
16	6	23	$4\frac{1}{20}$
17	$6\frac{2}{3}$	24	$1\frac{5}{9}$
18	$9\frac{1}{3}$	25	14
19	$9\frac{3}{4}$	26	$7\frac{1}{2}$
20	$15\frac{3}{4}$	27	$4\frac{1}{2}$
21	$7\frac{1}{2}$	28	$9\frac{1}{3}$

3일

94쪽

1	$\frac{1}{91}$	8	$6\frac{3}{7}$
2	$\frac{1}{44}$	9	$\frac{1}{72}$
3	$6\frac{2}{7}$	10	$\frac{35}{72}$
4	$20\frac{1}{4}$	11	$2\frac{5}{8}$
5	$7\frac{7}{8}$	12	$4\frac{1}{16}$
6	$\frac{11}{57}$	13	$\frac{3}{14}$
7	$\frac{1}{6}$	14	$7\frac{1}{2}$

95쪽

15	$\frac{1}{50}$	22	$7\frac{5}{9}$
16	$10\frac{5}{6}$	23	$\frac{6}{55}$
17	$\frac{3}{31}$	24	$1\frac{5}{7}$
18	$7\frac{1}{2}$	25	$\frac{12}{65}$
19	$5\frac{1}{2}$	26	$3\frac{11}{15}$
20	$\frac{1}{60}$	27	$\frac{2}{29}$
21	$\frac{2}{21}$	28	$1\frac{1}{4}$

4일

96쪽

1 $\frac{12}{35}$	8 $2\frac{1}{3}$
2 $11\frac{2}{3}$	9 $\frac{3}{44}$
3 $\frac{10}{39}$	10 $6\frac{9}{13}$
4 $16\frac{1}{2}$	11 $\frac{7}{48}$
5 $9\frac{9}{10}$	12 $3\frac{1}{6}$
6 $\frac{1}{9}$	13 $\frac{8}{33}$
7 $\frac{22}{75}$	14 $3\frac{1}{3}$

97쪽

15 $\frac{1}{14}$	22 $6\frac{8}{15}$
16 $10\frac{1}{2}$	23 $3\frac{1}{2}$
17 $\frac{1}{64}$	24 $\frac{1}{50}$
18 $\frac{5}{54}$	25 $2\frac{4}{7}$
19 $5\frac{4}{7}$	26 $3\frac{1}{7}$
20 $\frac{3}{52}$	27 $\frac{3}{35}$
21 $\frac{9}{110}$	28 $13\frac{1}{2}$

5일

98쪽

1 $\frac{5}{18}$	6 $1\frac{2}{7}$
2 $\frac{2}{17}$	7 $\frac{3}{10}$
3 $\frac{3}{4}$	8 $6\frac{1}{14}$
4 6	9 $10\frac{1}{2}$
5 $1\frac{1}{8}$	10 $3\frac{3}{10}$

99쪽

11 $\frac{8}{21}$	16 $\frac{12}{13}$
12 $\frac{1}{72}$	17 $2\frac{1}{2}$
13 $\frac{1}{9}$	18 $16\frac{7}{8}$
14 $1\frac{1}{2}$	19 $7\frac{1}{2}$
15 3	20 $8\frac{5}{9}$

생각 수학

100쪽

101쪽

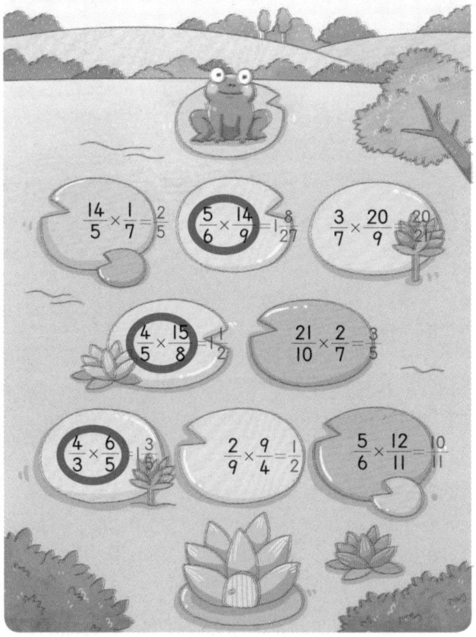

정답 8주 분수의 곱셈(2)

1일

104쪽

1 $\frac{5}{8}$
2 $\frac{5}{8}$
3 $\frac{4}{9}$
4 $\frac{23}{30}$
5 $\frac{13}{35}$
6 $\frac{2}{5}$
7 $\frac{11}{36}$
8 $1\frac{17}{18}$
9 7
10 $4\frac{3}{8}$
11 $3\frac{3}{5}$
12 $1\frac{1}{7}$
13 $1\frac{13}{20}$
14 $1\frac{7}{25}$

105쪽

15 $2\frac{1}{2}$
16 4
17 $7\frac{1}{3}$
18 $5\frac{5}{6}$
19 $2\frac{13}{21}$
20 6
21 $2\frac{1}{8}$
22 $4\frac{1}{6}$
23 $2\frac{9}{10}$
24 $9\frac{3}{4}$
25 $4\frac{1}{8}$
26 18
27 $4\frac{17}{25}$
28 $14\frac{1}{2}$

2일

106쪽

1 $\frac{4}{5}$
2 $\frac{19}{24}$
3 $\frac{11}{12}$
4 $\frac{9}{14}$
5 $\frac{1}{16}$
6 $\frac{1}{10}$
7 $3\frac{1}{18}$
8 $1\frac{17}{28}$
9 $2\frac{1}{7}$
10 20
11 $6\frac{2}{5}$
12 $3\frac{1}{3}$
13 $1\frac{7}{20}$
14 $1\frac{3}{20}$

107쪽

15 $11\frac{1}{3}$
16 $19\frac{1}{6}$
17 $7\frac{5}{6}$
18 $4\frac{1}{2}$
19 $8\frac{4}{5}$
20 $6\frac{1}{4}$
21 $4\frac{1}{2}$
22 $18\frac{1}{3}$
23 4
24 $2\frac{17}{20}$
25 $6\frac{1}{2}$
26 $8\frac{5}{8}$
27 $9\frac{1}{3}$
28 $17\frac{1}{2}$

3일

108쪽

1 30
2 6
3 56
4 $6\frac{5}{12}$
5 $\frac{2}{5}$
6 $\frac{3}{49}$
7 $4\frac{2}{3}$
8 $28\frac{1}{3}$
9 36
10 $5\frac{2}{5}$
11 $1\frac{8}{35}$
12 $1\frac{1}{3}$
13 $7\frac{11}{12}$
14 $5\frac{2}{15}$

109쪽

15 $8\frac{4}{5}$
16 $\frac{15}{49}$
17 $11\frac{1}{4}$
18 $\frac{52}{63}$
19 $\frac{16}{45}$
20 $3\frac{3}{5}$
21 $\frac{2}{7}$
22 $\frac{19}{80}$
23 $10\frac{4}{5}$
24 $\frac{8}{27}$
25 $10\frac{1}{2}$
26 $7\frac{11}{12}$
27 $2\frac{7}{9}$
28 $9\frac{3}{7}$

4일

110쪽

1	$\frac{5}{14}$	8	$7\frac{7}{9}$
2	$12\frac{3}{7}$	9	$\frac{3}{14}$
3	$\frac{8}{9}$	10	$\frac{8}{27}$
4	$\frac{6}{11}$	11	$8\frac{1}{4}$
5	15	12	$1\frac{17}{18}$
6	30	13	$10\frac{1}{2}$
7	$\frac{2}{5}$	14	$4\frac{19}{20}$

111쪽

15	$1\frac{1}{2}$	22	$3\frac{1}{6}$
16	$2\frac{1}{9}$	23	$\frac{5}{24}$
17	$\frac{27}{52}$	24	$8\frac{1}{3}$
18	$1\frac{13}{20}$	25	$22\frac{1}{2}$
19	$5\frac{3}{5}$	26	$4\frac{1}{6}$
20	$3\frac{1}{11}$	27	$8\frac{1}{20}$
21	$5\frac{10}{21}$	28	$8\frac{2}{3}$

5일

112쪽

1	$2\frac{5}{8}$	6	50
2	$2\frac{3}{4}$	7	$\frac{7}{13}$
3	$19\frac{1}{3}$	8	$8\frac{5}{8}$
4	9	9	11
5	$7\frac{1}{12}$	10	$9\frac{7}{12}$

113쪽

11	$2\frac{4}{5}$ / 6	15	$4\frac{1}{4}$ / $11\frac{1}{2}$
12	$1\frac{1}{5}$ / $15\frac{19}{20}$	16	$1\frac{19}{25}$ / $7\frac{5}{6}$
13	$4\frac{8}{25}$ / $7\frac{1}{5}$	17	$\frac{1}{6}$ / $15\frac{1}{3}$
14	$\frac{4}{7}$ / $2\frac{6}{7}$	18	$\frac{7}{23}$ / $15\frac{15}{23}$

생각 수학

114쪽

115쪽

정답 9주 소수와 자연수의 곱셈

1일

118쪽

1	6.3	5	3.3	9	12
2	27.2	6	94.3	10	87
3	17.92	7	152.75	11	1851.2
4	66	8	14.91	12	180.96

119쪽

13	22.8	19	20.16	25	37.57
14	1.02	20	113.36	26	175.49
15	176.4	21	37.31	27	130.83
16	56.28	22	15.4	28	65.52
17	36.8	23	17.4	29	40.88
18	65.1	24	413.1	30	141.45

2일

120쪽

1	1.2	5	3.6	9	9.1
2	8.2	6	124.5	10	13.11
3	108	7	50.96	11	7.99
4	219.8	8	131.08	12	222.7

121쪽

13	2.7	19	272.58	25	23.2
14	23.2	20	66.24	26	9.6
15	401.2	21	15.2	27	381.3
16	30.78	22	36.45	28	71.68
17	0.6	23	136.48	29	14.56
18	4.64	24	50.96	30	75.84

3일

122쪽

1	0.8	5	10.8	9	42.4
2	13.8	6	170.2	10	239.7
3	97.5	7	131.2	11	249.6
4	148.5	8	75.6	12	93.09

123쪽

13	40.5	20	51
14	134.4	21	24.8
15	1.52	22	2.46
16	12.6	23	671.6
17	22.5	24	33.21
18	226.8	25	103.68
19	87.84	26	44.2

4일

124쪽

1 3
2 52.5
3 81
4 12.5
5 1.8
6 86.4
7 31.98
8 305.62
9 14.4
10 25.56
11 133.77
12 332.82

125쪽

13 37.1
14 29.6
15 943.8
16 0.64
17 43.68
18 196.46
19 1807.5
20 198.48
21 33.67
22 165.44
23 127.5
24 449.35
25 410.8
26 134.24

5일

126쪽

1 1.05
2 64.2
3 22.4
4 98.7
5 27
6 111.6
7 36
8 17.08
9 159.74
10 30.16

127쪽

(위에서부터)

11 3.5 / 2.8
12 13.5 / 125.55
13 41.64 / 86.75
14 20.3 / 176.9
15 174.96 / 131.22
16 37.96 / 124.8
17 44.08 / 28.42
18 108.1 / 324.3

생각 수학

128쪽

종류	시집	과학책	동화책	사전
한 권의 무게(kg)	0.3	0.7	0.8	1.2

시집 5권: 1.5 kg, 과학책 7권: 4.9 kg,
동화책 15권: 12 kg, 사전 9권: 10.8 kg

129쪽

정답 10주 소수의 곱셈

1일

132쪽

1 0.35
2 1.56
3 0.722
4 7.68
5 2.56
6 6.12
7 1.189
8 39.433
9 2.79
10 15.84
11 1.484
12 1.6926

133쪽

13 0.42
14 0.138
15 41.262
16 3.645
17 2.96
18 2.726
19 239.68
20 52.948
21 2.016
22 1.647
23 17.892
24 22.015
25 8.487
26 229.45
27 6.09
28 5.892
29 33.11
30 8.323

2일

134쪽

1 0.12
2 1.04
3 1.445
4 1.134
5 1.62
6 2.94
7 2.006
8 5.966
9 3.22
10 7.54
11 10.412
12 0.7824

135쪽

13 47.292
14 348.18
15 2.7
16 1.19
17 0.312
18 1.8786
19 4.128
20 42.84
21 4.876
22 0.05
23 0.325
24 0.7533
25 284.64
26 14.07
27 5.225
28 98.31
29 6.6
30 9.828

3일

136쪽

1 0.64
2 0.272
3 0.459
4 29.34
5 1.44
6 1.35
7 2.812
8 5.1211
9 57.33
10 1.638
11 3.1806
12 15.25

137쪽

13 3.321
14 13.832
15 0.56
16 0.288
17 1.488
18 24.612
19 20.2752
20 22.47
21 0.65
22 2.65
23 3.42
24 30.66
25 423.94
26 27.264

4일

138쪽

1	0.15	5	0.096	9	15.12
2	4.27	6	1.152	10	1.4658
3	0.3145	7	56.787	11	2.7696
4	4.992	8	18.525	12	5.2875

139쪽

13	16.94	20	38.27
14	4.264	21	1.394
15	2.52	22	0.18
16	6.32	23	3.77
17	61.74	24	0.1368
18	54.648	25	69.92
19	347.52	26	81.88

5일

140쪽

1	0.52	6	23.52
2	1.48	7	75.33
3	0.816	8	63.04
4	8.328	9	7.93
5	3.002	10	36.01

141쪽

11	0.72	16	3.9
12	15.9	17	3.22
13	1.78	18	26.082
14	4.9774	19	3.0051
15	64.78	20	11.6403

생각 수학

142쪽

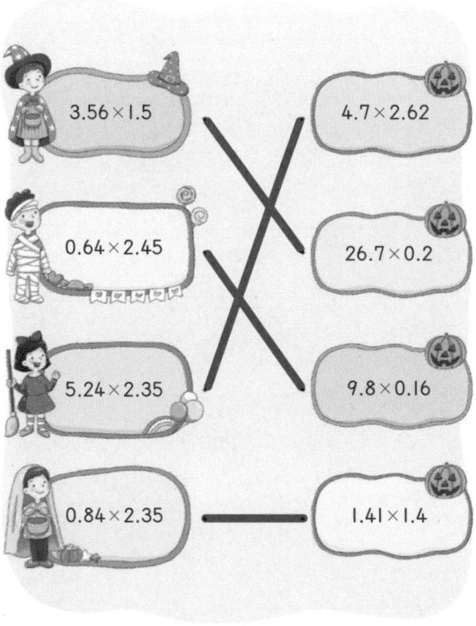

143쪽

$0.34\times6.5=$ [2.21] (km)

$0.34\times$ [8.5] $=$ [2.89] (km)

메모

1일 10분 초등 메가 계산력

정답

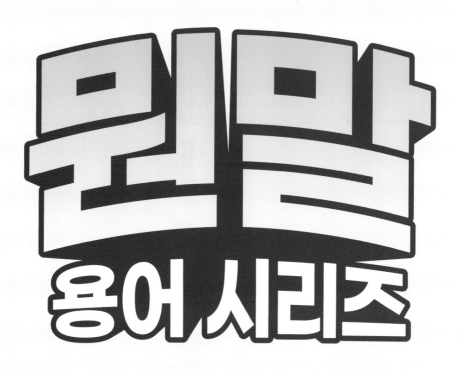

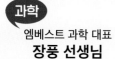

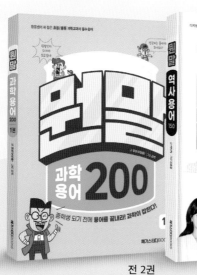

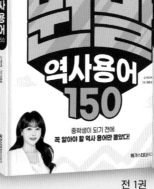

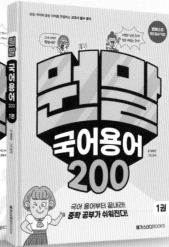

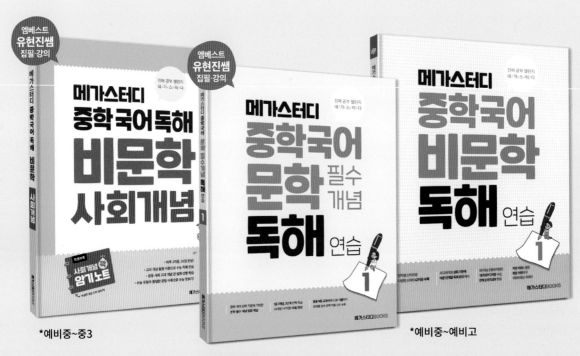